Le matematiche – 4

Giuseppe Furnari

DA ZENONE A CANTOR

SETTE STUDI TRA INFINITO E IPERBOLICO

© 2013 by Giuseppe Furnari

All rights reserved. No part of this book may be used or reproduced in any manner whatsoever without written permission, except in the case of brief quotations embodied in critical articles or reviews. Cover design, art work and graphics by author.

ISBN   978-1-291-30963-8

Immagine in quarta di copertina
rilasciata in **pubblico dominio**
http://it.wikipedia.org/wiki/Pubblico_dominio
http://en.wikipedia.org/wiki/File:EuclidStatueOxford.jpg

Libro catalogato su
http://www.lulu.com/spotlight/giuseppefurnari,
dove può essere commentato.
Stampato e distribuito da lulu.com

alle mie figlie
Maddalena e Marta

DA ZENONE A CANTOR
SETTE STUDI
TRA INFINITO E IPERBOLICO

- ➢ *Prefazione*   01

- ❖ *I PARADOSSI DI ZENONE*   03

- ❖ *IL CROLLO IPERBOLICO*
  - *Premessa*   37
  - *ZENONE NON EUCLIDEO*   45

- ❖ *ZENONE CONFUTATO*
  - *Premessa*   71
  - *ZENONE CONFUTATO*   75

- ❖ *LA TARTARUGA
     ED IL PUNTO NON RAGGIUNTO*   89

- ❖ **PUNTO E NUMERO - ASSIOMI**   *105*

- ❖ **TRANSFINITI**
    - *Premessa*   *127*
    - **IPOTESI DEL CONTINUO**   *133*
    - **INTERI ESTESI**   *171*

- ❖ **RAGGIUNGERE IL CONTINUO**   *179*

- ➢ **EPILOGO**   *197*

- ➢ *bibliografia*   *203*

Prefazione

Con la mia prima pubblicazione "Nuovo Calcolo Senza Limiti" ho presentato un nuovo metodo per evitare alla radice il problema degli evanescenti infinitesimi nel Calcolo Infinitesimale di Newton e Leibniz.

Lo studio si conclude accennando alle "Funzioni Mostruose" presentate da Weierstrass che, unitamente ai problemi del Continuo ed alla allora recente nascita delle Geometrie non Euclidee, hanno provocato la nota "Crisi delle Fondamenta" di fine Ottocento. Inoltre nei successivi "Tre Articoli per un Mistero" e ne "L'insostenibile Leggerezza delle Assiomatiche" propongo una dimostrazione del Quinto Postulato di Euclide nonché la sua equivalenza con il Teorema dell'attraversamento e con l'Assioma di Pasch che da esso deriva. Occorreva quindi approfondirne i legami contraddittori con le Geometrie non Euclidee.

Da queste premesse è nata una serie di studi, che qui presento, sugli affascinanti e fondamentali temi del continuo e dell'infinito, che vanno appunto "da Zenone a Cantor".

Ecco quindi la confutazione dei famosi Paradossi di Zenone, un'analisi critica delle origini delle Geometrie non Euclidee ed a seguire nuovi studi su un tentativo di fondare una Geometria senza punti, sul metodo diagonale di Cantor, sui paradossi di Vitali e di Banach-Tarski, nonché su una dimostrazione del Teorema di Bolzano-Weierstrass da cui derivano come corollario le Sezioni di Dedekind, che quindi non possono più essere considerati degli assiomi come in Hilbert.

I PARADOSSI DI ZENONE

Zenone, di Elea (489 – 430 a.C.) in Italia meridionale, fu seguace di Parmenide e forse suo amante, e ne condivideva le idee sull'immutabilità dell'Essere inteso come un tutto unico. È noto come "scopritore della Dialettica", metodo successivamente utilizzato da Socrate e dai Sofisti. Utilizzava infatti il metodo della dimostrazione per assurdo che metteva in difficoltà chi aveva convinzioni diverse, e non era nemmeno facile da seguire. Di poco successivo a Pitagora, conosceva il problema degli incommensurabili, cioè della non misurabilità dello spazio mediante i numeri razionali o frazionari, i logoi.

Nonostante sia in anticipo di un secolo rispetto ad Eudosso e di quasi due rispetto ad Euclide, conosce in qualche modo il punto senza dimensioni e l'infinita divisibilità dei segmenti, secondo il metodo della dicotomia.

Con i suoi argomenti Zenone si sforzava di suggerire una connessione tra la pluralità, l'essere, la continuità ed il movimento. Quindi ha escogitato una serie di paradossi – diceva di averne scritti 26 ma che il libretto gli era stato rubato – per costringere a conseguenze assurde chiunque ne accettasse le premesse. Ci sono pervenuti due paradossi contro il pluralismo e quattro contro il movimento. I primi due sono i più semplici e puramente logici; dei restanti quattro, due sono contro la continuità e due contro il discreto, in modo da escludere entrambe le possibilità circa una realtà fisica od astratta che non sia un tutto unico. Fa anche un uso non sempre evidente del concetto di istante di tempo comunque indivisibile, che perdura ancor oggi nelle convinzioni di diversi studiosi.

Contro il pluralismo:

- se le cose sono molte, sono allo stesso tempo un numero finito ed infinito: sono finite in quanto sono né più né meno di quante sono, infinite perché tra la prima e la seconda ce n'è una terza, e così via.
- se le unità in cui sono indefinitamente suddivise le cose non hanno grandezza, le cose da esse composte non hanno grandezza; mentre se le unità hanno una certa grandezza, le cose composte da infinite unità avranno infinita grandezza.

Contro il movimento:

- (dello stadio) non si può giungere in fondo allo stadio se prima non se ne raggiunge la metà, ma prima di giungervi si deve raggiungere la metà della metà, e così via, senza poter giungere dall'altra parte (anzi, senza neanche poter partire).

- (Achille e la tartaruga) famosissimo: il più veloce dei corridori non potrà mai raggiungere il più lento che abbia un qualsiasi vantaggio iniziale; nel momento in cui l'inseguitore avrà raggiunto il punto di partenza dell'inseguito, questi si sarà allontanato dal suo punto di partenza; nel momento in cui l'inseguitore avrà raggiunto il secondo punto già raggiunto dall'inseguito, questi nuovamente si sarà allontanato, e così via.

- (della freccia) una freccia appare in movimento, ma in realtà è immobile; in ogni istante occupa uno spazio pari alla sua lunghezza, e poiché il tempo in cui dovrebbe avvenire il movimento è composto di singoli istanti, essa è immobile in ciascun istante.

- (le due masse nello stadio) se due masse nello stadio si vengono incontro, segue assurdamente che la metà del tempo vale il doppio.

I due paradossi contro il pluralismo, nonché il primo ed il terzo contro il movimento – dello stadio e della freccia – sono semplici trasposizioni della infinita suddivisibilità secondo il metodo della dicotomia.

Non c'è molto da dire, al più ripetere con Anassagora "in effetti del piccolo non c'è il minimo ma sempre un più piccolo (è impossibile in realtà che ciò che è non sia) ma anche del grande c'è sempre uno più grande: e per quantità è uguale al più piccolo come pluralità, ed in rapporto a se stessa ogni cosa, somma di infinite parti, è insieme grande e piccola" distinguendo l'infinitamente piccolo dal nulla.

Invece ai paradossi dell'Achille e delle due masse nello stadio corrisponde una costruzione geometrica, ma, come vedremo più avanti, risultano essi stessi internamente contradditori o persino mal posti, nello stesso senso di quei teoremi che a partire da un disegno geometrico dimostrano che un angolo è uguale al suo doppio, o che tutti gli angoli sono uguali, salvo poi scoprire che il disegno... non poteva essere disegnato.

Non poteva non pronunciarsi Aristotele, dato che sicuramente gli argomenti erano discussi nelle scuole filosofiche. Egli afferma che sia lo spazio che il tempo sono divisibili illimitatamente, per cui Zenone assume un presupposto errato: non ci dovremmo sorprendere se inseguitore ed inseguito, o la freccia, passano attraverso un numero infinito di posizioni in infiniti istanti successivi.

Egli precisa anche che il precedente punto di arrivo viene considerato nuovamente come punto di partenza, e questo è da evitare perché causerebbe un'irregolarità o un'interruzione del movimento; e che se qualcosa è già in movimento deve esserlo stato subito prima e lo sarà subito dopo. Quindi, se spazio e tempo sono continui è del tutto superfluo ipotizzare l'allineamento di punti ed istanti e se per il principio di non contraddizione non c'è variazione di posizione in un istante infinitesimo, questo non significa assenza di movimento. Per essere definita ferma la freccia dovrebbe occupare la stessa posizione per un periodo di tempo composto di molteplici istanti. Completa poi il ragionamento insinuando che sull'Achille Zenone ci inganna, perché nell'inseguimento le suddivisione di spazio e tempo non sono uguali ma proporzionali alle velocità dei corridori, quindi si ha solo una pseudodicotomia; ed infine che Achille non supera la tartaruga finché lo precede, ma potremmo fissare un traguardo che può anche essere oltre il punto in cui effettivamente Achille supera la tartaruga.

Aristotele risponde abilmente e con grande chiarezza utilizzando argomenti logici e filosofici, ma Euclide?

Euclide, da matematico, risponde approfondendo il problema posto dagli incommensurabili, scoperti dai pitagorici. Sulle orme di Teeteto, scrive il suo Libro X degli 'Elementi' in cui affronta decisamente i numeri irrazionali e le loro proprietà, cercando di allontanare i loro aspetti misteriosi dalla geometria. E lo fa principalmente in due modi: in primis adottando la suddivisione dei numeri in due tipi, fatta da Teeteto, ed assorbendo quella parte degli irrazionali che sembra più controllabile tra i razionali, ovvero cambiandogli semplicemente il nome; quindi classificando gli altri irrazionali in molteplici generi, assegnando loro nuovi nomi, finché può.

Il Libro X degli 'Elementi' di Euclide, sarà poi generalmente ritenuto il più difficile, ed anche il più complesso ed oscuro. Viene descritto ed approfondito alle pagine 54 – 69 del mio volume 3 "L'insostenibile leggerezza delle Assiomatiche", pensato, scritto e pubblicato tra la prima e la seconda edizione di questo volumetto.

Il Libro X di Euclide appare lontano dal raggiungere i suoi scopi e va incontro a notevoli incongruenze.

Le successioni dicotomiche che suggeriscono gli infinitesimi non possono non ricordarci l'Achille che, secondo Zenone, non può raggiungere la tartaruga.

Ma la situazione è confrontabile ad esempio con quella sul piano iperbolico in cui i punti ideali non sono raggiungibili? Non proprio.

Rivediamo l'argomento:

- (Achille e la tartaruga) famosissimo: il più veloce dei corridori non potrà mai raggiungere il più lento che abbia un qualsiasi vantaggio iniziale; nel momento in cui l'inseguitore avrà raggiunto il punto di partenza dell'inseguito, questi si sarà allontanato dal suo punto di partenza; nel momento in cui l'inseguitore avrà raggiunto il secondo punto già raggiunto dall'inseguito, questi nuovamente si sarà allontanato, e così via.

Né Achille né la tartaruga raggiungono velocità o distanze siderali ed anche nello spazio iperbolico le loro velocità sono costanti, ad esempio in rapporto dieci ad uno, ed il primo supera la seconda senza problemi. È l'argomento di Zenone che ha qualche problema; esso non è volto, come i Diorismi (distinzioni) di Leone, a trovare le condizioni di risolvibilità dei problemi quanto piuttosto, spinto da "vis polemica" in difesa del proprio maestro, a porli agli avversari, non importa che risultino di natura matematica o filosofica.

Nella figura che segue, abbiamo un problema altrettanto "assurdo" come conseguenze.

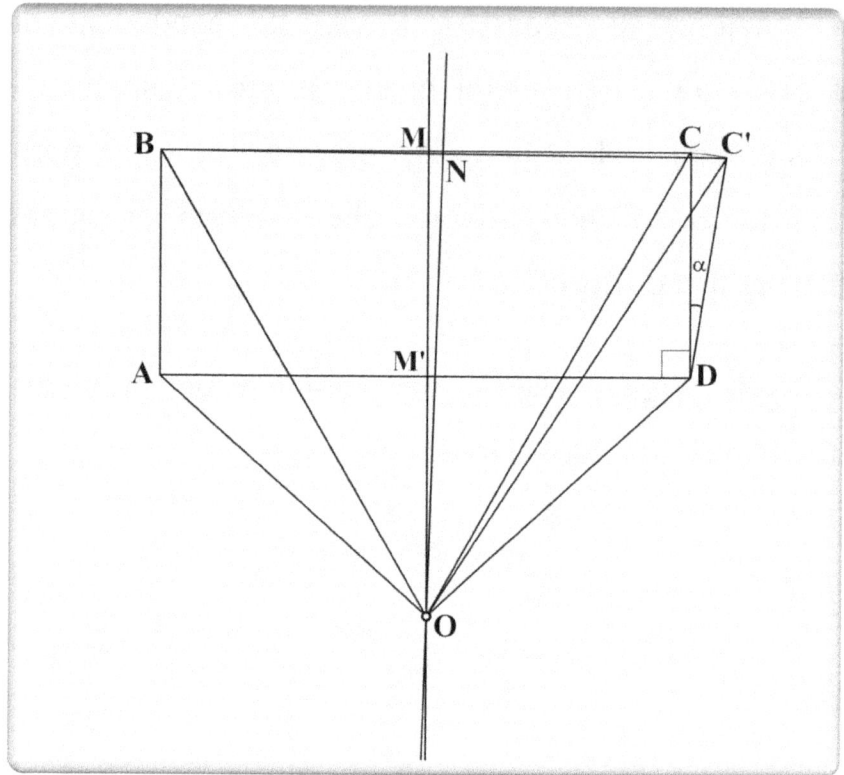

Sia dato il rettangolo ABCD di cui possiamo ruotare il lato CD di un piccolo angolo α ottenendo DC'. M, M' ed N, siano allora i punti medi dei segmenti BC, AD e BC', rispettivamente, e le mediane per tali punti si incontrino in O. Allora i tre triangoli OAD, OBC e OBC' sono isosceli ed i tre triangoli OAB, ODC ed ODC' sono uguali per il terzo criterio SSS per avere i tre lati congruenti. Dall'uguaglianza degli ultimi due triangoli possono discendere alcune conseguenze tra le più strampalate: $\pi/2 + \alpha = \pi/2$, $\alpha = 0$, etc., cioè ad esempio: i piccoli angoli sono tutti nulli, gli angoli retti non sono tutti uguali, il tutto è uguale alla parte…

Ovviamente, prima di accettare simili conclusioni cercheremo dove possa annidarsi l'eventuale errore nella dimostrazione appena proposta. Ed è certamente opportuno assumere lo stesso atteggiamento nei confronti dell'argomento di Zenone, reputando peraltro improbabile che lo stesso, nel caso gli venisse addosso un cocchio, non si scanserebbe perché "il movimento è impossibile".

Aristotele già aveva osservato come l'argomento sia mal posto, dato che mantiene Achille sempre dietro la tartaruga: se invece il traguardo viene posto abbastanza lontano, si dà tempo e modo ad Achille di superare la tartaruga, come effettivamente può fare.

Evidentemente l'osservazione assai pertinente di Aristotele non è bastata a chiudere l'argomento, che infatti viene riproposto fin troppo spesso anche oggi.

Vediamo allora in quali condizioni sia invece veramente possibile che Achille non possa giammai raggiungere una tartaruga. E nemmeno una formica.

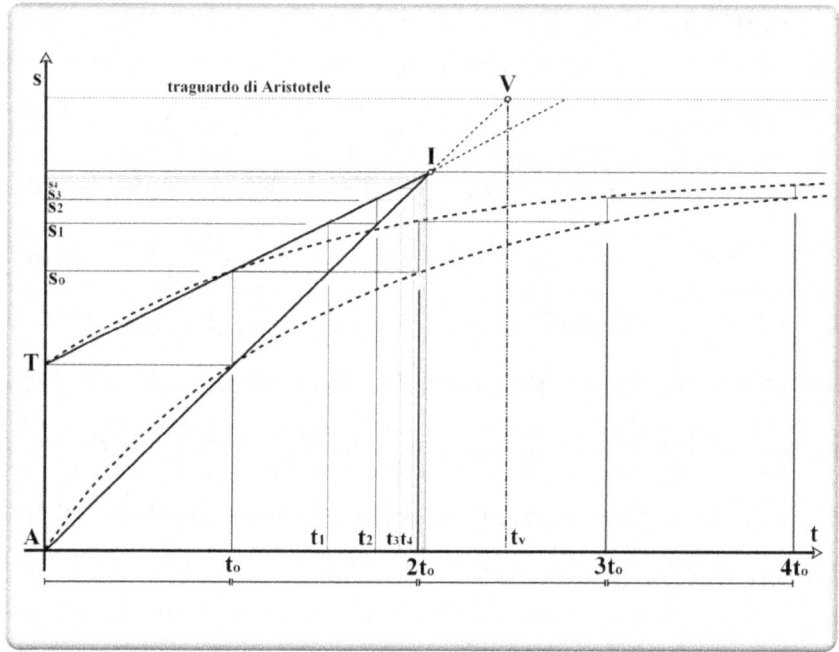

Nel grafico che precede, si vede come, alle velocità costanti di Achille e della tartaruga, quando il primo la raggiunge al tempo t_0 la seconda avrà fatto un percorso fino ad s_0, e poi, quando sarà raggiunto s_0 al tempo t_1, la tartaruga avrà fatto un percorso ancora fino ad s_1, e così via, come sappiamo.

Tutta la dinamica dell'argomento di Zenone rimane però confinata nel triangolo ATI, mentre se, come suggeriva Aristotele, il traguardo fosse posto oltre, Achille lo raggiungerebbe per primo al tempo t_V.

In termini moderni diremmo che abbiamo due successioni convergenti di tempi $t_0, t_1, t_2, t_3, \ldots t_I$ e di spazi correlati $s_0, s_1, s_2, s_3, \ldots s_I$, che, diventando sempre più piccoli, pur essendo di numero infinito hanno una somma finita. Il teorema di Bolzano-Weierstrass afferma infatti che ogni successione reale infinita e limitata ammette almeno una sottosuccessione che converge ad un limite superiore, od inferiore.

Alcuni studiosi però sembrano non ammettere che i tempi possano essere sempre più piccoli, come gli spazi, ed indicano in un più o meno indefinito "istante" un valore minimo per il tempo, che in questo modo sarebbe "quantizzato", ovvero discreto piuttosto che continuo.

Proviamo adesso a supporre che sia Achille che la tartaruga in realtà si stanchino, precisamente che col passare del tempo perdano forze e velocità.

Quindi, le velocità di entrambi decrescono in modo che Achille impiega, a velocità sempre più ridotte, sempre lo stesso tempo t_0 per poter raggiungere la precedente posizione della tartaruga. Come si vede dal grafico, solo in questo modo, e non come proposto da Zenone, Achille realmente non raggiungerà mai la tartaruga. Se entrambi fossero eterni, starebbero ancor oggi rincorrendosi a velocità praticamente nulla; sarebbero come congelati l'uno un pelo dietro l'altra.

Non avremmo più il problema degli istanti minimi, riducendosi solo gli spazi percorsi; lo vedremo meglio discutendo l'ultimo argomento di Zenone.

Mi piace immaginare uno Zenone sorpreso da un argomento che davvero fa sì che Achille non raggiunga la tartaruga, ben consapevole della natura squisitamente polemica del suo argomento.

Ovvero: Zenone, poche idee e ben confuse.

L'ultimo argomento di Zenone, sempre contro il movimento, è il seguente:

- (le due masse nello stadio) se due masse nello stadio si vengono incontro, segue assurdamente che la metà del tempo vale il doppio.

Esso allude in qualche modo alla composizione galileiana e poi newtoniana delle velocità relative che, se nella stessa direzione, si sommano oppure si sottraggono. È l'unico argomento con potenzialità costruttive e sarebbe stato interessante se i greci l'avessero sviluppato, sennonché essi rifuggivano le applicazioni pratiche, almeno nell'età classica.

L'argomento si comprende meglio immaginando le due masse, inizialmente sovrapposte, ciascuna composta da tre parti, come nella figura che segue. Muovendosi in direzioni opposte, dopo un "istante", la parte B_3 non si sovrappone alla parte A_2, come vorrebbe Zenone considerando la velocità v del moto rispetto al terreno T, ma si sovrappone alla parte A_1.

In realtà l'argomento è proprio contro il sommarsi delle velocità relative, cosa considerata assurda perché nel movimento relativo dovrebbero essere saltate parti di un corpo di riferimento e dello spazio occupato da queste parti; però indirettamente ne considerava ipoteticamente la possibilità, già in epoca classica.

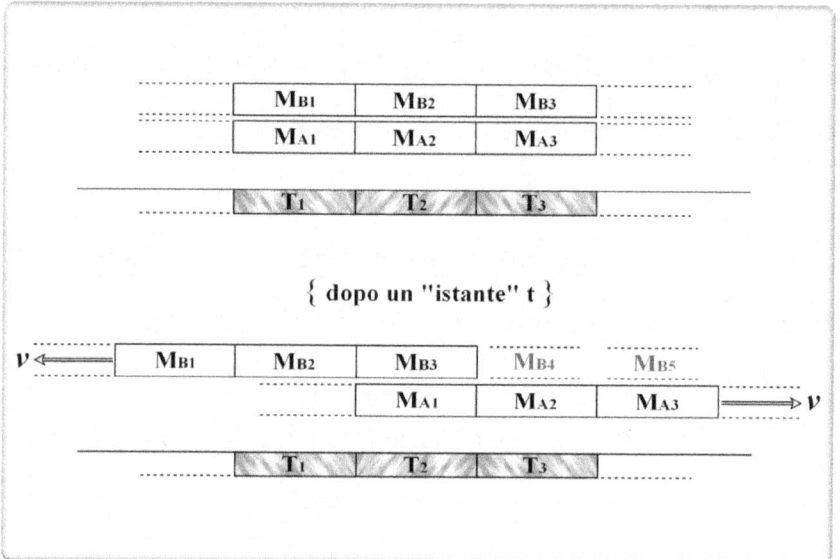

Come si vede meglio nella figura, dopo un singolo "istante" t la massa B_3 risulta allineata alla massa A_1, saltando la massa A_2, come se non esistesse. Analogamente, le masse B_4 e B_5 risulteranno allineate rispettivamente alle masse A_2 ed A_3 saltando le masse A_3 ed A_4; e viceversa la massa A_1 risulterà allineata alla massa B_3 saltando la massa B_2, e così via. È come se una metà del corpo esteso della massa B venga saltato come se non esistesse da parte del corpo esteso A, e viceversa, scambiando i due corpi, viene saltata come se non esistesse una metà del corpo esteso della massa A.

Naturalmente Zenone si guarda bene dal trovare possibili soluzioni ai problemi che pone: i suoi ragionamenti sono "per assurdo" e tutti volti a sostenere la filosofia del suo maestro, volta all'unità dell'Essere. Se si trovassero soluzioni, i suoi ragionamenti non sarebbero più validi.

D'altra parte la visione della natura del tempo che avanza per istanti ha un forte fascino e fa presa anche su diversi pensatori contemporanei.

Se osserviamo però la figura che segue, dove il movimento delle due masse M_A ed M_B è visto come continuo, e quindi esse possono occupare tutte le posizioni intermedie, le due parti B_3 ed A_2 si potrebbero sovrapporre se fosse possibile il trascorrere di un "mezzo istante".

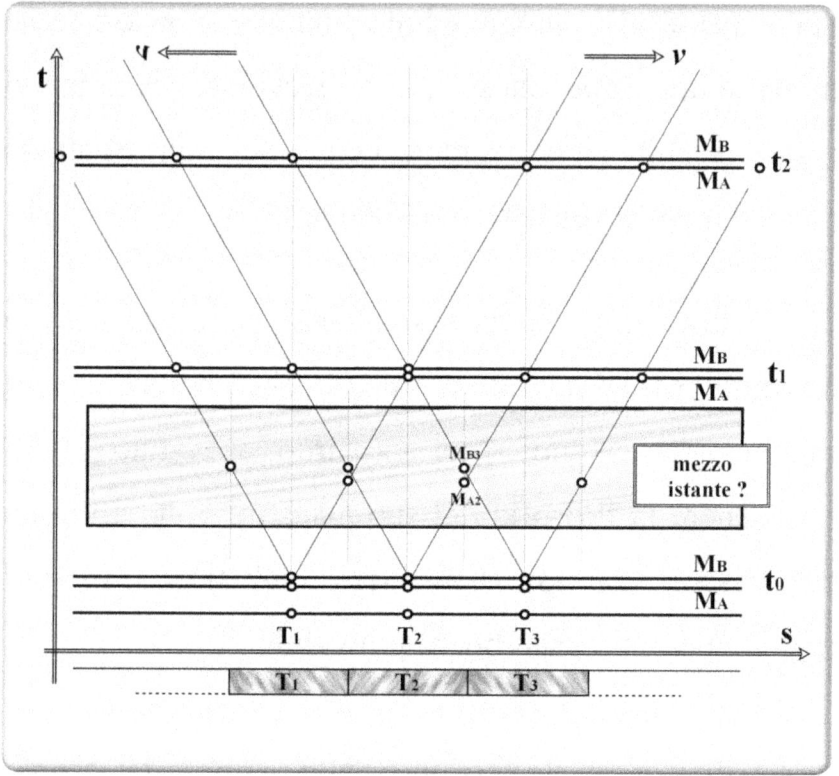

Sorgono allora naturali alcune domande: cos'è in realtà un istante? Potrebbero essere spazio e tempo entrambi continui? Spazio e tempo sono discontinui e quantizzati, come lo sono le energie degli elettroni negli atomi? Esiste una correlazione tra la continuità dello spazio e quella del tempo?

Si possono scrivere, e sono stati scritti, molti volumi su questi temi. Qui possiamo fare solo alcune semplici osservazioni. La continuità dello spazio non è necessariamente legata a quella del tempo. Lo spazio, i corpi estesi che lo occupano ed i loro movimenti relativi potrebbero, ad esempio, essere continui in una realtà sottostante o "virtuale" ed essere percepibili soltanto a determinati intervalli di tempo t_0, t_1, t_2, t_3, etc.; allora le due masse B_3 ed A_2 potrebbero anche sovrapporsi, ma non in modo percepibile.

Già questa possibilità sarebbe sufficientemente "non così troppo assurda" da smontare il ragionamento di Zenone: un ragionamento per assurdo presuppone che l'assurdità che emerge sia così inconcepibile da essere del tutto impossibile.

D'altra parte non bisogna neanche aspettarci, per esempio, che le masse B_3 ed A_2 possano mai risultare entrambe allineate con la posizione T_2 sul terreno: A_2 e T_2 sono allineate in partenza, e mentre B_3 si allinea con T_2, A_2 invece si disallinea. Alcuni allineamenti sono logicamente impossibili.

Occorre però precisare meglio gli ambiti, spaziale e temporale, in cui ci muoviamo, e le loro correlazioni.

È infatti opportuno, come ho fatto nell'ultimo disegno, rappresentare spazio e tempo come continui, e quindi ragionarci su. Zenone ci invita a supporre che lo spazio esteso, rappresentato dalle posizioni segnate sul terreno ma che in realtà è onnicomprensivo, e quindi non soltanto gli oggetti estesi in esso contenuti, sia da considerare come composto di parti indivisibili. Allora non è possibile che le singole masse minimamente estese B_3 ed A_2 si sovrappongano in posizioni intermedie, tra T_2 e T_3, che non esistono.

Quindi, a meno che non avvenga in una realtà sottostante, il movimento stesso è discontinuo e si verifica con singoli "scatti". Ne segue però che il "salto" degli allineamenti non può allora essere un problema. Semplicemente, ad una velocità tre volte più alta ad ogni ciclo la singola massa estesa anziché passare alla posizione contigua ne salta due e va ad occupare la terza posizione; ad una velocità dimezzata la singola massa estesa potrà passare alla posizione contigua solo dopo due cicli di tempo. Le velocità, essendo rapporti tra posizioni o cicli di tempo interi, avranno solo valori razionali, come anche gli spazi percorsi. Alla fine, spazio e tempo, discontinui secondo un dato rapporto tra i valori minimi, tutto da scoprire, potrebbero convivere pacificamente ed il problema sollevato da Zenone tra mancati allineamenti e tempi raddoppiati non esiste.

Sennonché, se spazio e tempo fossero discreti ed i loro rapporti sempre razionali, il quadrato geometrico, come avevano già scoperto amaramente i pitagorici, non potrebbe essere disegnato.

Zenone, quindi, non potrebbe nemmeno porre il suo quesito. Ma pur conoscendo i risultati dei pitagorici, propone polemicamente il suo argomento.

L'esistenza del quadrato geometrico ci induce a supporre che almeno lo spazio sia continuo. Potrebbe però essere discreto il tempo. Ma in che modo?

Andiamo per gradi: le due masse A_2 e B_3 possono sovrapporsi in posizioni intermedie, tra T_2 e T_3, dopo "mezzo istante", e due masse di dimensione dimezzata potranno sovrapporsi dopo un quarto di istante.

Se continuiamo così però, data la continua suddivisibilità delle estensioni spaziali, anche il tempo ne risulta continuamente ed indefinitamente suddiviso.

Allora, se il tempo è discreto ed ha un valore minimo e lo spazio è continuo, è facile immaginare una realtà sottostante continua anche dal punto di vista del suo evolversi nel tempo, che però si manifesta fisicamente ad ogni ciclo intero di tempo.

In conclusione, a meno di non ritenere impossibile la costruzione del quadrato geometrico, e volendo anche evitare il ricorso a realtà sottostanti, la vera conseguenza dell'argomento di Zenone delle due masse nello stadio non riguarda la continuità o meno dello spazio, ma la natura del tempo.

E la risposta è che *il tempo deve essere continuo*.

Naturalmente, non ci si aspetta che da parte di una geometria che fa dell'astrazione il suo punto di forza si possa trarre una conclusione di così forte valenza fisica, specialmente da una geometria che è stata più volte definita come "atemporale".

Rivolgiamo allora alla fisica la domanda su che cosa sia un istante.

Dal punto di vista fisiologico umano, esiste un limite, intorno al 25° di secondo, per la percezione delle immagini in movimento. Tale limite, combinato alla persistenza delle immagini sulla retina, fa sì che una serie di disegni o di immagini fotografiche viste con tale frequenza appaiano come in movimento. Così sono possibili il cinema e la televisione, e qualsiasi riproduzione video.

Il limite fisiologico non è però un limite fisico; una telecamera da laboratorio può riprendere a centinaia o migliaia di immagini al secondo, ed il filmato si può riprodurre con grande nitidezza alla stessa velocità, ma anche molto rallentato fino ai 25 frames per secondo [fps].

Rimanendo nell'ambito della meccanica classica, un comune orologio da polso al quarzo funziona contando le 32.768 [2^{15}] oscillazioni al secondo di un piccolo cristallo di quarzo, che equivale ad un circuito elettronico passivo oscillante RLC.

Andando oltre, nel mondo subatomico, lo scandire del tempo può farsi molto più frenetico, ma sempre controllabile con l'adatta strumentazione. Un orologio estremamente preciso, l'orologio atomico, conta ogni secondo ben 9.192.631.770 cicli della frequenza di risonanza del Cesio, sotto forma di gas ionizzato. La precisione è tale che sfiora il secondo su migliaia di anni, il che dimostra come, lungi dal poter parlare di un "istante" minimo ad un livello di consapevolezza umana, mediante il controllo elettronico ed una strumentazione molto sofisticata si riesce realmente a "percepire" il tempo a livelli così estremi.

Ed i livelli teorici sono molto più estremi: si giunge al "cronone" (6.97×10^{-24} secondi per un elettrone) e poi alla scala del tempo di Planck (5.39×10^{-44} secondi), che insieme alla lunghezza, la massa e la costante di Planck formano le famose Unità di misura di Planck. Esse sono dette anche "unità naturali" perché a partire da tre unità fisiche fondamentali, la velocità della luce, la costante di gravitazione universale, e la costante di Planck, si possono ricavare unità di misura come appunto la lunghezza, la massa ed il tempo di Planck, tali da assorbire le unità fisiche nelle equazioni. La lunghezza di Planck è anche il diametro minimo possibile per una stringa, nella teoria delle stringhe.

Considerazioni energetiche collegate al principio di indeterminazione di Heisemberg in meccanica quantistica, fanno supporre che la distanza di Planck sia una distanza minima per le attuali teorie fisiche. Se si cercasse di rendere precisa la localizzazione di un buco nero virtuale, al livello della lunghezza di Planck, l'incertezza per la sua energia sarebbe tale da poter generare un ulteriore buco nero delle stesse dimensioni. La lunghezza di Planck sarebbe allora la misura del raggio dell'orizzonte degli eventi di una massa di Planck e corrisponde, come lunghezza d'onda di una radiazione elettromagnetica, alla massima energia possibile per un fotone prima che questo "collassi" in forma di massa.

A questi livelli le teorie fisiche sono molto incerte e non è possibile alcuna conferma sperimentale, tanto che la magnifica teoria delle stringhe è spesso accusata di essere inverificabile. Per il ben noto principio di indeterminazione, allora, e per come possa ripiegarsi lo spazio stesso in condizioni sia energetiche che gravitazionali così estreme, la struttura dello spaziotempo a questi livelli è considerata da molti come una schiuma in movimento continuo.

Le usuali nozioni di spazio e tempo non possono essere estese a dimensioni sub-planckiane in base alle attuali conoscenze. Ma non esiste nemmeno alcuna prova che spazio e tempo possano essere quantizzati secondo le Unità di Planck. Contrariamente a quanto a volte divulgato, non è provata alcuna struttura discreta né spaziale né temporale.

Al contrario, nel gennaio 1993, a conclusione dei lavori di simulazione del 1992, Greene, Morrison ed Aspinwall, ed anche Witten, hanno pubblicato i loro risultati sugli "strappi" – topology changing transition – nello spazio geometrico. Si trattava degli spazi di Calabi-Yau delle dimensioni compattate, che sono lisci e continui. Il risultato è che tali lacerazioni non hanno conseguenze catastrofiche e dal punto di vista fisico non si producono effetti particolari: rimangono temporaneamente modificati i valori delle masse delle particelle circostanti, ma le variazioni sono continue.

Witten precisa che secondo la formulazione di Feynman della meccanica quantistica le particelle e le stringhe si muovono ed interagiscono attraverso tutti i cammini possibili, ed in particolare le stringhe, che non sono puntiformi, possono "avvolgere" queste degenerazioni geometriche. Witten è anche riuscito a dimostrare che i precisi contributi di tali cammini neutralizzano l'anomalia anche se le stringhe non sono in prossimità.

Le masse delle particelle elementari risultano sperimentalmente molto stabili, il che esclude attuali anomalie nella trama dello spaziotempo, a meno che non siano estremamente lente. Possono invece essersi verificate, anche nello spazio esteso, al tempo remoto del big bang.

È molto opportuno, comunque, rendersi ben conto di quali siano gli ordini di grandezza di cui stiamo parlando: ad esempio la dimensione temporale alla scala di Planck è dell'ordine di 10^{-43} secondi.

Una tale scala temporale è molto, molto più breve di qualsiasi realtà fisica sia mai stata sperimentata.

Le particelle finora scoperte, per le quali è stata verificata la durata più breve possibile, chiamate ***risonanze***, persistono per circa 10^{-23} secondi.

Le simulazioni e le teorie alla scala di Planck, ben venti ordini di grandezza più piccola, difficilmente saranno verificabili, anche in un futuro relativamente lontano.

Ad oggi non esiste alcun motivo plausibile, che non sia squisitamente teorico, per cui la trama dello spaziotempo debba essere discreta sopra la scala di Planck, e probabilmente neppure a tale scala.

Anche la fisica, quindi, ci dice che sia il tempo, non quantizzabile nell'ambito della meccanica quantistica, come anche lo spazio, con ogni probabilità devono essere entrambi continui.

Ma c'è di più. Qualunque cosa significhi riguardo al tempo, tra le teorie delle stringhe c'è la poco nota F-Teoria sviluppata dall'iraniano Cumrun Vafa a partire dal 1997 e che contempla 12 dimensioni, delle quali due dimensioni potrebbero essere temporali. La segnatura del tensore metrico è (11,1), ma per l'ambiguità dovuta al carattere infinitesimale delle due dimensioni aggiuntive di forma toroidale, si può considerare anche come segnatura (10,2). Naturalmente non c'è accordo sul reale significato di un "secondo tempo", ma farebbe felice Zenone.

Riguardo allo spaziotempo, focalizziamoci sulle zero-brane. Dato che una p-brane è un'estensione del concetto matematico di moto di un punto materiale ai corpi di diverse dimensioni, dove p sta ad indicare il numero di dimensioni proprie di ciascuna brana, ovvero: una zero-brana è un punto materiale con le caratteristiche singolari del punto geometrico. Però nella Teoria delle stringhe assumono particolare valenza perché a piccolissima scala, secondo recenti ricerche nell'ambito della M-Teoria, avrebbero delle proprietà del tutto diverse, tali da ricollegarci ad un universo senza spazio e senza tempo.

Potrebbe essere il mondo geometrico?

In ogni caso, facendo riferimento alla geometria non commutativa del francese Alain Connes, si pensa di giungere ad uno scenario in cui gli usuali significati assegnati allo spazio ed alla distanza tra due punti svaniscono, mostrandoci un orizzonte che appare del tutto diverso alla scala di Plank, per normalizzarsi tornando a dimensioni macroscopiche. Si spera allora in una formulazione di una Teoria delle stringhe matematicamente esatta che possa realmente costruire spazio e tempo senza farvi ricorso fin dall'inizio.

E già una caratteristica notevole della Teoria delle stringhe, presa la lunghezza di Plank come unità di misura, è la dualità $R - 1/R$. Cioè le caratteristiche fisiche rivelate da misure alla scala R risultano operativamente identiche a quella effettuate alla scala $1/R$. Le modalità operative che permettono di effettuare le misure sono duplici ed egualmente valide. Allora, se cerchiamo di penetrare dimensioni inferiori alla lunghezza di Plank, una modalità crea difficoltà e si deve scegliere la seconda, col risultato di riportarci a dimensioni invece superiori. Alla scala ordinaria la prima delle due procedure per le misure diventa assurdamente difficile e ce ne resta solo una utile. Ma la seconda è utile solo a piccole scale e solo sopra la lunghezza di Plank, per cui è come se ci fosse una "barriera operativa" che ci rimbalza sempre sopra la lunghezza di Plank. Del tutto notevole è la dualità che lo permette, correlata a due autostati di posizione. Uno $|x\rangle$ per le stringhe estese $|x\rangle = \Sigma_v e^{ixp}|p\rangle$ con $|p\rangle$ autostato di quantità di moto per il modo di vibrazione della stringhe, e $p = v/R$. L'altro per le stringhe arrotolate $|\tilde{x}\rangle = \Sigma_w e^{i\tilde{x}\tilde{p}}|\tilde{p}\rangle$ con $|\tilde{p}\rangle$ autostato di avvolgimento, e $\tilde{p} = w \cdot R$.

Infine, in particolari casi, in relazione alla formula di Bekenstein-Hawking per l'entropia di un buco nero, la teoria delle stringhe potrebbe incorporare il **_principio olografico_**. L'universo sarebbe rappresentato in correlazione 1:1 da una "superficie" di confine di dimensioni inferiori. Zenone impazzirebbe, ma studiosi del calibro di Roger Penrose ed altri, specialisti di Relatività Generale, sono molto scettici.

Premessa

Come noto, dopo due millenni di tentativi volti alla dimostrazione del Quinto Postulato di Euclide, fin da subito apparso allo stesso autore troppo complesso per non essere invece un teorema, un ultimo tentativo è stato effettuato, sulle orme del matematico, astronomo, poeta e filosofo persiano Omar Khayyam (Ghiyāth ad-Dīn Abu'l-Fatḥ ʿUmar ibn Ibrāhīm al-Khayyām Nīshāpūrī, 18 Maggio 1048 – 4 Dicembre 1131), dall'italiano Gerolamo Saccheri (1667–1773).

L'ormai a noi familiare quadrilatero di Saccheri, che dovremmo chiamare più propriamente quadrilatero di Khayyām-Saccheri, è stato considerato per primo da Khayyām alla fine dell'11° secolo nel Libro I del suo "Discussioni sulle difficoltà nei postulati di Euclide". Egli considera proprio i tre casi (retto, ottuso ed acuto) che gli angoli al vertice di tale quadri-

غياث الدين ابن ابراهيم عمر ابوالفتح يامي خيامي نريشابويي

Immagine rilasciata nel Pubblico Dominio per copyright scaduto

Tema del Carpe Diem, quartina tradotta

Non ricordare il giorno passato

e non lacrimare sul domani ricevuto:

su passato e futuro non far fondamento

vivi d'oggi, non dissolver la vita al vento.

('Umar Khayyām, Rubʿayyāt)

latero possono assumere, e dopo aver dimostrato a partire da essi un certo numero di teoremi, che confutano esattamente i casi ottuso ed acuto, ne deduce infine il classico postulato di Euclide. La dimostrazione non è per assurdo, come in Saccheri, ma diretta. Deriva però da un assunto che egli attribuisce agli insegnamenti di Aristotele "date due rette convergenti, esse si intersecano, ed è impossibile che divergano nella direzione in cui anzi convergono".

Evidentemente non si accorge che si tratta di una formulazione equivalente al Quinto Postulato.

Il "Libro I" di Khayyām giunge in occidente tramite un manoscritto del 1387-1388 che riporta uno scritto del matematico persiano Nasīr al-Dīn Tūsī del 13° secolo, il quale afferma di riportare "le stesse parole di Omar Khayyam" i cui risultati meriterebbero di essere aggiunti al Libro I degli Elementi di Euclide subito dopo la Proposizione I-28.

Anche il figlio di Nasīr al-Dīn Tūsī, Sadr al-Din noto come "Pseudo-Tusi", pubblica nel 1298 un lavoro con risultati simili, partendo da un differente assunto, sempre equivalente al Quinto Postulato. Tale lavoro fu pubblicato a Roma nel 1594, è stato studiato quindi dai geometri europei e criticato proprio dal nostro Giovanni Girolamo o Gerolamo Saccheri.

Notoriamente, Saccheri ritenne di essere riuscito nel suo intento di dimostrare il Quinto Postulato, ma successivamente fu chiaro il suo fallimento nella confutazione dell'angolo acuto. Rimasero però i suoi numerosi teoremi, e solo circa un secolo dopo con il grande Carl Friedrich Gauss, che ritenne però di non pubblicare, con l'ungherese János Bolyai (1802 – 1860) e con il russo Nikolaj Ivanovič Lobačevskij (1792 – 1856), i tempi furono maturi per l'effettiva nascita delle cosiddette Geometrie non-euclidee. Ulteriori sviluppi si devono a Bernhard Riemann, Eugenio Beltrami con la sua Pseudosfera, Felix Klein ed Henri Poincaré con le rispettive rappresentazioni sul disco di Klein e di Poincaré. Collegando così la coerenza della geometria euclidea con quella delle geometrie non-euclidee, si è ritenuto definitivamente non più dimostrabile il Quinto Postulato di Euclide.

Nel contempo, però, la conclamata incapacità a determinare quale geometria possa essere realmente quella vera, dopo secoli di certezze anche dal punto di vista filosofico, ha contribuito notevolmente a provocare la cosiddetta "Crisi delle Fondamenta" apertasi alla fine dell'ottocento. Fino a giungere alla nuova assiomatizzazione della Geometria, secondo David Hilbert, in cui gli enti primitivi non vengono definiti e potrebbe trattarsi di "tavoli, sedie, boccali di birra"… questo anche perché sul disco di Klein gli angoli non sono quelli euclidei, sul disco di Poincaré le rette sono archi di cerchio ed in entrambi le misure non sono quelle euclidee ma sono in scala logaritmica.

Queste, in particolare, le caratteristiche della nuova Geometria Iperbolica, il cui spazio appare infinito da un punto di vista intrinseco ma limitato ad un disco o una sfera privi di bordo se considerata "immersa" come modello nella Geometria Euclidea. E peraltro il "centro" di un tale spazio, sempre da un punto di vista intrinseco, può essere ovunque.

Con caratteristiche così peculiari la Geometria Iperbolica ha acquisito un grande fascino, con sfoggio di grafici colorati, di lavori artistici come quelli notevoli di Maurits Cornelis Escher, con produzione di software e di numerose pubblicazioni a livello didattico, divulgativo e specialistico.

Tuttavia, già da più di sei anni, ho ottenuto una dimostrazione originale del Quinto Postulato che ho poi pubblicato nei miei "Tre articoli per un mistero" e "L'insostenibile leggerezza assiomatica", come anche nuove equivalenze come quella tra il Quinto Postulato di Euclide ed il Teorema dell'attraversamento Crossbar e l'Assioma di Pasch che ne deriva. Ed altri risultati coerenti con la suddetta dimostrazione.

Naturalmente, questo mi ha portato, a più riprese, a considerare più criticamente proprio le origini delle geometrie non-euclidee, da cui deriva questo breve ma incisivo studio.

Tornando quindi al Saccheri, un punto nodale si è dimostrato essere il cosiddetto Teorema di Saccheri-Legendre, riscoperto appunto da Legendre, che porta al fondamentale risultato "$S \leq 2R$ - *la somma degli angoli di un triangolo qualsiasi non può superare un totale di 180°*".

La relativa dimostrazione si è dimostrata essere inconsistente, e le conseguenze sono notevoli.

Cade praticamente tutto il lavoro di Saccheri: già la confutazione dell'angolo ottuso che sembrava certa, e non viene più perentoriamente esclusa la geometria ellittica a partire dalla geometria assoluta.

Insieme poi alla confutazione dell'angolo acuto, comunque inadeguata, cadono tutti i risultati relativi alle misteriose rette asintotiche, alle infinite iper-parallele, ed all'angolo di parallelismo.

La Geometria Iperbolica sopravvivrà?

IL CROLLO IPERBOLICO

ZENONE NON EUCLIDEO

La tartaruga di zenoniana memoria, questa volta sta tranquilla, immobile al punto T. È invece in moto Achille, che corre per raggiungerla.

Ma Achille ha una brutta sorpresa: la tartaruga è riuscita a piazzarsi in un punto "ideale" da cui lo vede partire dalla distanza finita AT, dal suo punto di vista euclideo. Achille parte dal punto A, ma, pur correndo alla velocità di 100 piedi al secondo, si rende conto ben presto che invecchierà e morirà prima di poterla raggiungere. Cos'è allora successo?

Achille è incappato in uno spazio iperbolico, dove le distanze sono deformate "ad hoc" e se dal punto di vista quivi intrinseco percorre ogni secondo 100 piedi, invece dal punto di vista euclideo, da cui ora gli sembra lo irrida la tartaruga, ogni secondo percorre un tratto sempre più piccolo, in proporzione logaritmica. Quindi, la bestiola lo saluta, mentre, immobile, sembra allontanarsi esponenzialmente fino a dissolversi alla vista.

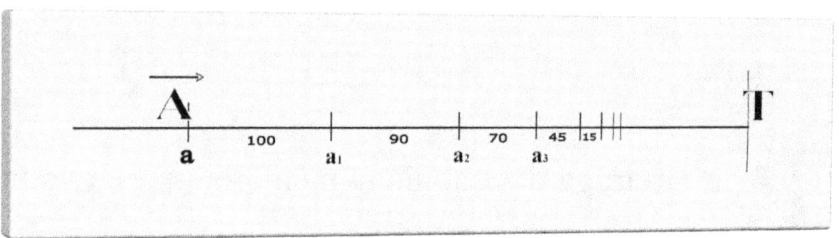

Con somma sorpresa di Zenone, che forse ne sarebbe estasiato, stiamo parlando della geometria non euclidea sul disco iperbolico di Poincarè. Ma andiamo per gradi.

Dopo i tentativi, ormai millenari, per ottenere una dimostrazione valida del Quinto Postulato di Euclide, prima che ne venisse dichiarata la non dimostrabilità, Gerolamo Saccheri (1667–1773) nel suo famoso **"Euclides ab omni naevo vindicatus"**, pubblicato nel 1733 sulle orme delle *"**Discussioni sulle difficoltà in Euclide**"* Risâla fî sharh mâ ashkala min musâdarât Kitâb 'Uglîdis del matematico persiano Omar Kayyam (1048–1126), ha ritenuto di esser riuscito nell'intento utilizzando il metodo della dimostrazione per assurdo.

Nella lunga dimostrazione, in cui ottiene numerosi teoremi, Saccheri parte dalla cosiddetta *"**geometria neutrale od assoluta**"*, cioè la geometria euclidea ante Quinto Postulato. Tale definizione è però strumentale, dato che, una volta ottenuta in essa l'agognata dimostrazione, non avrebbe potuto che trasformarla nella rinnovata Geometria Euclidea.

Tuttavia egli in realtà non riuscì nell'intento, ed i numerosi risultati sono stati successivamente considerati caratteristici di nuove geometrie non euclidee, in particolare di quella iperbolica.

Tre primi notevoli risultati, noti come teoremi di Saccheri-Legendre in quanto nuovamente dimostrati da Legendre ignaro del lavoro del Saccheri, sono poi utilizzati nella dimostrazione vera e propria e vale la pena di esaminare il primo di essi. Essi sono:

"*$S \leq 2R$ - la somma degli angoli di un triangolo qualsiasi non può superare 180°*", "*$S = 2R$ è equivalente al Quinto Postulato*", "*per tutti i triangoli vale sempre $S = 2R$ oppure $S < 2R$*"; inoltre, da $S \leq 2R$, che è la negazione dell'ipotesi dell'angolo ottuso, deriva: "*due rette incidenti non possono avere una perpendicolare comune*".

Bene, la $S \leq 2R$ si dimostra per assurdo, supponendo che in un triangolo isoscele $A_1A_2B_1$ la somma degli angoli interni sia invece maggiore di 2R.

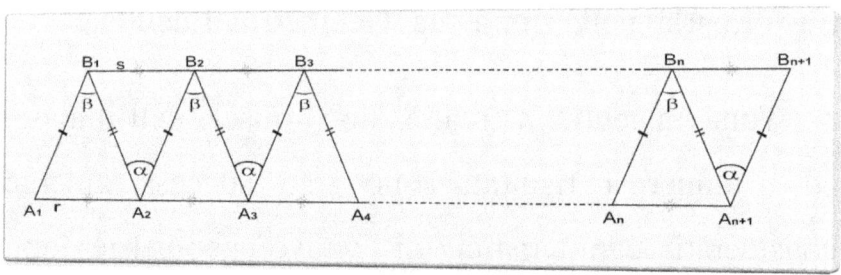

Consideriamo allora n triangoli uguali ad $A_1A_2B_1$, posti con le basi allineate e completiamo la figura con il triangolo $B_nA_{n+1}B_{n+1}$. Essendo la somma degli angoli del triangolo $A_1A_2B_1$ maggiore di 2R, l'angolo β in B_1 sarà evidentemente maggiore dell'angolo α in A_2 nel triangolo $B_1A_2B_2$. Questo perché nel vertice A_2 la somma dei tre angoli vale $2R$. Allora, avendo i due triangoli due lati uguali e l'angolo compreso disuguale, per la I.24 di Euclide deve risultare $A_1A_2 > B_1B_2$.

D'altra parte nella spezzata $A_1B_1B_2...B_{n+1}A_{n+1}$ per la I.20 da cui segue che in un quadrilatero un lato è minore della somma degli altri tre, la lunghezza di questi tre lati è evidentemente maggiore del segmento A_1A_{n+1}, per cui: $A_1B_1 + n\, B_1B_2 + B_{n+1}A_{n+1} > n\, A_1A_2$, ed essendo $A_1B_1 = B_{n+1}A_{n+1}$, si ottiene:

$$2\, A_1B_1 > n\, (A_1A_2 - B_1B_2). \quad \text{Così Legendre.}$$

Dunque un multiplo qualsiasi del segmento non nullo $A_1A_2 - B_1B_2$ sarebbe sempre minore del segmento doppio di A_1B_1. E ciò contraddice il postulato di Archimede, quindi è assurdo che la somma degli angoli del triangolo possa superare due retti.

La dimostrazione apparirebbe ineccepibile, ma le ipotesi non sono poche e non tutte sono evidenti, ed è opportuno evidenziare queste ultime:

- I lati consecutivi da B_1 a B_{n+1} si considerano allineati così da formare un quadrilatero;
- Gli angoli α e quelli alla base opposta ad α si considerano tutti uguali;
- Le ipotesi sono tutte valide nella stessa geometria.

Cominciando dall'ultima condizione, si nota subito che non possiamo essere nella geometria euclidea dove vale sempre $S = 2R$ e dove i lati consecutivi da B_1 a B_{n+1} avrebbero potuto essere allineati. Siamo quindi o nell'ipotesi dell'angolo acuto, ovvero nella geometria iperbolica, o nell'ipotesi dell'angolo ottuso, ovvero nella geometria ellittica come quella sulla sfera, che è poi quella che si vuole confutare per prima.

Ma in entrambi i casi ***S non è costante***, per cui non si possono considerare gli angoli alla base opposti agli angoli α come necessariamente tutti uguali.

Proseguendo, nella geometria iperbolica i vertici da B_1 a B_{n+1}, equidistanti dalla retta A_1A_{n+1}, si trovano su di un iperciclo, che non è una retta iperbolica, e quindi non sono allineati così da formare un quadrilatero.

Infine, nemmeno nella geometria ellittica i vertici da B_1 a B_{n+1} equidistanti dalla retta A_1A_{n+1} risultano allineati.

Peraltro, considero come genuinamente non euclidee geometrie come quella sulla Sfera o sulla Pseudosfera di Beltrami, dove su una superficie curva le "rette" sono naturalmente le geodetiche o linee di minor distanza. E con distanze euclidee non deformate "ad hoc" come nella geometria iperbolica, dove anche le rette iperboliche sono scelte "ad hoc" come sul disco di Poincaré, oppure anche gli angoli sono deformati "ad hoc", come sul disco di Klein.

Nella geometria sulla Sfera la retta A_1A_{n+1} giace necessariamente su di una circonferenza massima ed i vertici da B_1 a B_{n+1} giacciono su un parallelo, mentre i segmenti tra i vertici giacciono ciascuno su una diversa circonferenza massima, per cui non si può formare il quadrilatero considerato da Legendre.

Naturalmente, nella geometria sulla Sfera sono modificati alcuni assiomi della geometria neutrale, ma come vedremo tra poco non in contraddizione con le ipotesi della presente dimostrazione per $S \leq 2R$.

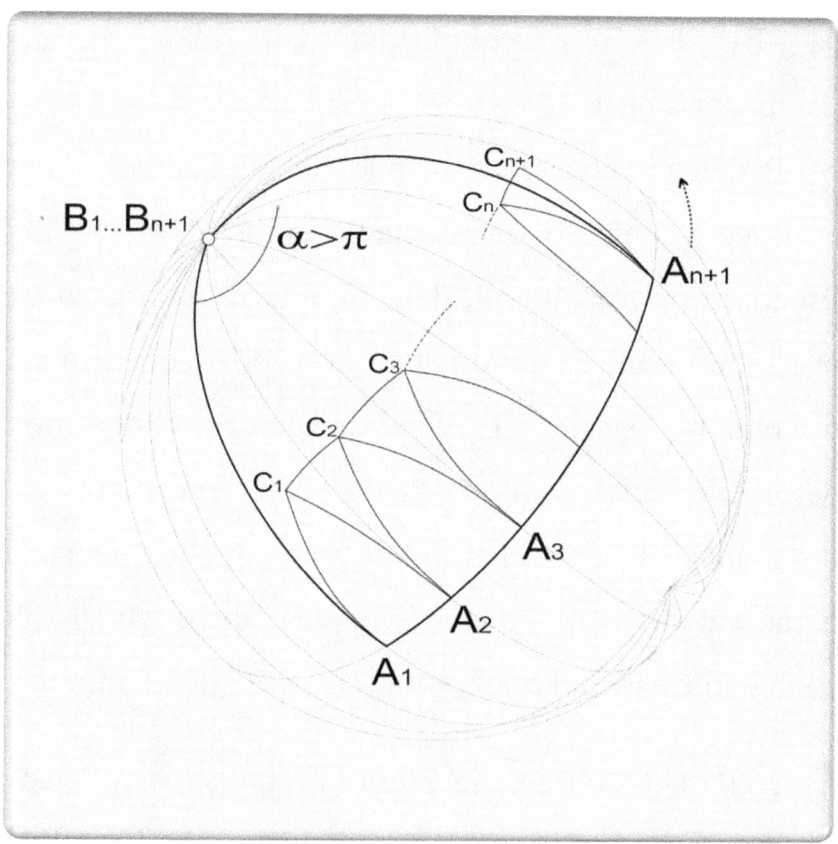

Nella geometria sulla Sfera si vede come la somma dei segmenti da B_1 a B_{n+1} diventa sensibilmente più piccola di quella dei segmenti da A_1 ad A_{n+1} fin persino a diventare nulla ai poli.

Allora la lunghezza dei tre lati dello pseudo-quadrilatero non risulta evidentemente più grande del segmento A_1A_{n+1}, anzi basta un valore non grande di n per cui il segno di diseguaglianza si inverte, ottenendo: $A_1B_1 + n\, B_1B_2 + B_{n+1}A_{n+1} < n\, A_1A_2$, da cui la relazione **2 A_1B_1 < n (A_1A_2 - B_1B_2)** che non va certo in contraddizione con l'assioma di Archimede.

Si noti in particolare che sulla Sfera fallisce la Proposizione I.20 di Euclide, cioè non è sempre vera la diseguaglianza triangolare per cui un lato è sempre minore della somma degli altri due. Fallisce infatti quando B_1 coincide con B_{n+1} e rimane soltanto **2 A_1B_1 < n A_1A_2**, per **n** sufficientemente grande. Con la I.20 fallisce di conseguenza la condizione per cui in un quadrilatero un lato è minore della somma degli altri tre, ed in un poligono un lato è minore della somma di tutti gli altri lati, il che porta appunto, sempre per **n** sufficientemente grande, alla nostra relazione **2 A_1B_1 < n (A_1A_2 - B_1B_2)** che non può contraddire l'assioma di Archimede.

È sintomatico come la I.20 derivi a sua volta dalla I.16, il famoso Teorema dell'angolo esterno, che notoriamente fallisce proprio nella geometria sulla sfera. Ed anche la I.24, sui triangoli con due lati uguali e l'angolo compreso disuguale, deriva dalla I.20 e quindi dalla I.16, entrambe non valide nella geometria ellittica: seppur non sembri dimostrarsi fallace in questo ambito, nemmeno essa può essere considerata sicuramente valida in geometria assoluta. Ed allora forse il presente Teorema di Saccheri-Legendre per $S \leq 2R$ rischia di non poter essere nemmeno formulato.

Per quanto attiene la geometria iperbolica, come si può vedere nella figura che segue si evince che gli angoli α non possono essere posti come più piccoli degli angoli β; e questi ultimi diventano molto piccoli considerando triangoli sempre più alti, ad esempio con i vertici sull'ipericlo i_1, mentre al contrario gli angoli α rimangono grandi. Ma è ancora più evidente come i lati $B_1B_2... B_nB_{n+1}$ siano sempre più grandi dei lati $A_1A_2... A_nA_{n+1}$

e, considerando che essi crescono esponenzialmente verso i bordi del disco di Poincaré, i lati $C_1C_2...C_nC_{n+1}$ diventano presto enormi. In ogni caso, abbiamo sempre $B_iB_{i+1} > A_iA_{i+1}$ e non il contrario.

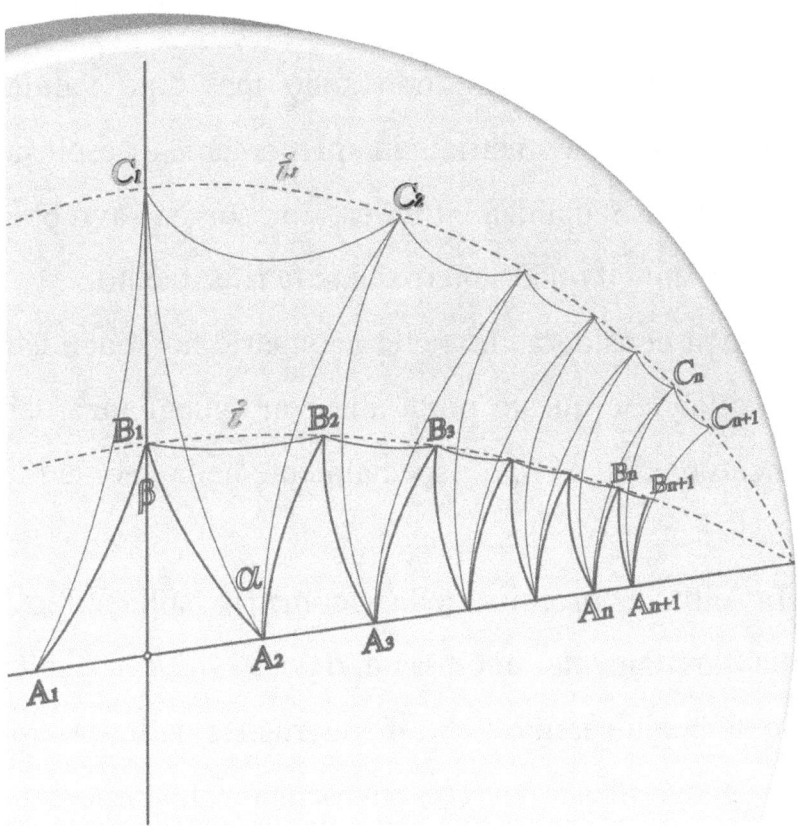

Inevitabilmente, otterremo la relazione

$$2 A_1B_1 + n (B_1B_2 - A_1A_2) > 0$$

che non può contraddire l'assioma di Archimede. Anche nel caso dell'angolo acuto fallisce il Teorema di Saccheri-Legendre, ed in particolare non potrà più ivi derivare che *"due rette incidenti non possono avere una perpendicolare comune"*.

In sintesi: le ipotesi non sono mai tutte valide in una stessa geometria; in particolare è esclusa la geometria euclidea, l'unica in cui si avrebbe effettivamente il quadrilatero cui si fa riferimento.

Non si considera che nelle geometrie non euclidee **S** è variabile e questo porta alla non uguaglianza dei segmenti da B_1 a B_{n+1}, specialmente nella geometria iperbolica.

In ultimo, proprio nella geometria sulla Sfera, quella direttamente interessata da $S \leq 2R$, è più evidente che a seguito delle incongruenze nelle ipotesi la diseguaglianza è invece rovesciata e la dimostrazione inevitabilmente fallisce.

Il risultato che è possibile anche $S > 2R$ significa molte cose e porta a conseguenze importanti.

Innanzitutto, ogni angolo di un triangolo può essere ottuso fino al valore massimo di 180°, ed anche contemporaneamente agli altri: sulla Sfera un triangolo, e così pure un qualsiasi poligono, con tutti gli angoli di 180° coincide con la circonferenza massima.

Ne segue che esistono, ad esempio, triangoli isosceli con entrambi gli angoli alla base di 90° o più.

Sulla Sfera i due lati che inizialmente divergono possono incurvarsi, non sulla superficie sferica ma **con** essa, fino a riconvergere ed incontrarsi. Di conseguenza due perpendicolari alla stessa retta si incontrano, anzi tutte le rette si incontrano sempre.

E questo avviene naturalmente, all'interno e non in contrapposizione, nella geometria neutrale; perché in essa non è evidentemente più valida la Proposizione I.16 dell'angolo esterno e quindi nemmeno la I.17 che vieta i due angoli retti, e neppure la I.27 da cui discende la I.31 che dimostrerebbe l'esistenza di almeno una parallela, andando così in contraddizione con la condizione di assenza di parallele.

Infine, non è più valido, nella geometria neutrale, l'assunto per cui *"**due rette incidenti non possono avere una perpendicolare comune** altrimenti si formerebbero triangoli con due angoli retti"*.

È anche chiaro che la dimostrazione cade specialmente laddove ci si preoccupa di spingere la verifica di coerenza proprio nell'ambito della geometria caratteristico del risultato che si vuole ottenere, o confutare. Solo così si possono raggiungere risultati sicuramente corretti e ... duraturi.

Ed in questo modo è possibile snidare gli eventuali Falsificatori Logici-potenziali "FLOP" che possono nascondersi in antinomie, salti logici, ragionamenti incompleti, incompatibilità con supposizioni implicite, elementi "eclissati", paralogismi, che possono emergere a distanza di tempo, "prima o poi", e che proprio per questo risultano essere "potenziali".

Sempre che i ragionamenti in considerazione possano ritenersi effettivamente scientifici, cioè siano falsificabili, secondo Popper.

Come esempio di *"elementi eclissati"*, si può rilevare come i segmenti B_1B_2, B_2B_3, ... B_nB_{n+1} nella prima figura possono sembrare a tutti gli effetti consecutivi, e lo sono realmente nella geometria Euclidea - per la quale deve essere anche $\alpha = \beta$: è già un paralogismo considerare $\beta > \alpha$ in una rappresentazione su di un piano evidentemente euclideo.

Solo nelle successive figure, nell'ambito proprio della geometria sferica e di quella ellittica, dove sono disegnati come C_1C_2, C_2C_3, ... C_nC_{n+1}, appare evidente che tali segmenti formano una spezzata. Se un ipotetico ragionamento considerasse insieme $\beta > \alpha$ e consecutivi i segmenti B_1B_2, B_2B_3, ... B_nB_{n+1}, in una rappresentazione su di un piano euclideo l'incompatibilità potrebbe passare inosservata e rimanere "eclissata".

Nel caso appena esaminato, il teorema di Legendre (1752-1833) risale già a quasi tre secoli fa, e finora non mi risulta sia mai stato nemmeno messo in dubbio. Ma quel che è ancora più importante, è che non cade soltanto il teorema di Legendre, ma qualsiasi altro ragionamento che porti allo stesso risultato, proprio perché un'asserzione come *"la somma degli angoli di un triangolo qualsiasi non può superare 180°"* è del tutto generale. In particolare cadono i risultati di Lambert (1728-1777) e di Saccheri (1667-1733) che si basavano sulla confutazione dell'angolo ottuso.

E cade la stessa geometria iperbolica.

Bene, quanto a Gerolamo Saccheri circa la confutazione dell'angolo ottuso, inizialmente la sua dimostrazione, dato che ne trova un'altra valida per tutti e tre i casi, ignora il risultato or ora dimostrato errato $S \leq 2R$, ma che egli ritiene corretto, giungendo a: "data una retta **t** ed un'obliqua **s**, proiezioni ortogonali su **t** di segmenti uguali e consecutivi su **s** portano a segmenti consecutivi decrescenti nel caso dell'angolo acuto, identici per l'angolo retto e crescenti nel caso dell'angolo ottuso".

Ovviamente non riporterò tutto in queste poche pagine; si veda l'insuperabile quanto a completezza e profondità delle osservazioni:

AGAZZI Evandro – PALLADINO Dario, 1998, "Le geometrie non euclidee e i fondamenti della geometria dal punto di vista elementare", Editrice La Scuola, Brescia, ISBN 9788-350-9450-0

nonché

PALLADINO Dario – PALLADINO Claudia, 2008-2012, "Le geometrie non euclidee", Carocci Editore, Roma, ISBN 9788-430-4690-4

che ne è un sunto.

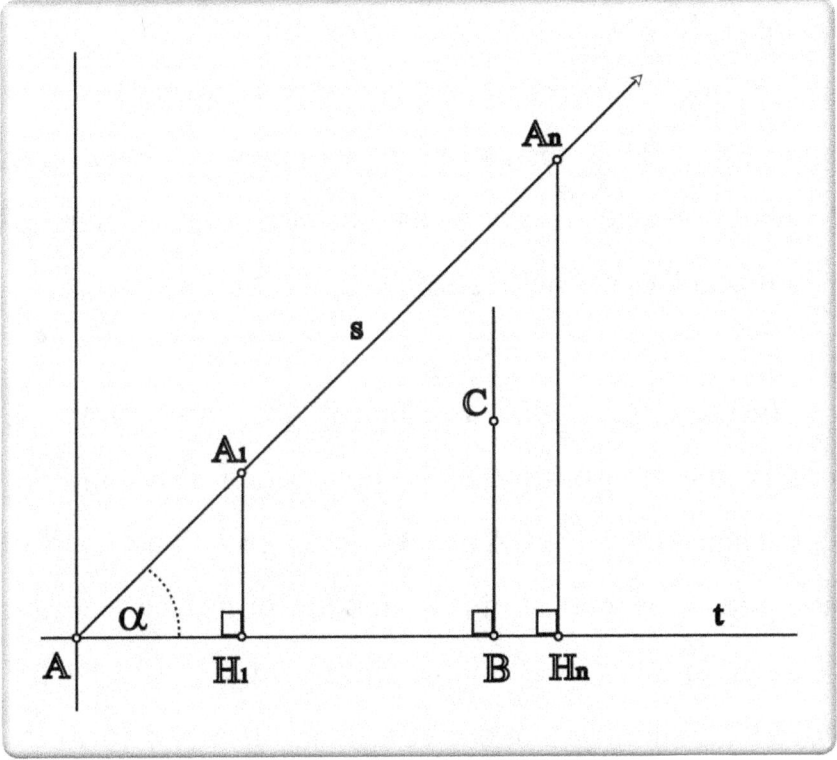

Alla fine, per entrambe le ipotesi dell'angolo retto e dell'angolo ottuso, Saccheri per due rette tra loro oblique **s** e **t** esamina la perpendicolare a **t** condotta per il punto B. Sfruttando l'assioma di Archimede a partire da una perpendicolare prossima di cui siano noti H_1 ed A_1 come in figura, determina $AH_n = n\,AH_1$ con $AH_n > AB$. I punti H_n corrispondono a punti A_n estremi di segmenti uguali e quindi su **t** i segmenti sono identici per l'angolo retto e crescenti per l'angolo ottuso. Questo non si può effettivamente raffigurare attenendoci a linee rette, per cui la dimostrazione appare un po' intuitiva, ed approssimativa: immagino Saccheri usasse in realtà disegni con rette **s** un po' "incurvate" come nelle geometria ellittica o sferica…

Infine egli può affermare che un punto C relativamente prossimo a B deve rientrare all'interno del triangolo AH_nA_n. Quindi ecco che ricorre alla relazione che abbiamo appena dimostrato errata: **$S \leq 2R$**, nella forma: le due perpendicolari a **t**, BC ed H_nA_n non possono incontrarsi altrimenti formano un triangolo con due angoli retti; quindi la perpendicolare per B deve incontrare **s**.

Invece nella geometria neutrale questo è del tutto falso e la confutazione dell'angolo ottuso già qui fallisce.

Ma anche più avanti fallisce, perché Saccheri afferma che in questo modo, nell'ipotesi dell'angolo ottuso viene confermato il Postulato dell'Obliqua PO e quindi il Quinto Postulato, che a sua volta corrisponde all'ipotesi dell'angolo retto che distrugge quella dell'angolo ottuso.

Data però la falsità della $S \leq 2R$, come abbiamo visto, proprio nell'ipotesi dell'angolo ottuso le rette della geometria neutrale possono incontrarsi sempre, quindi indipendentemente ed a maggior ragione che per il Quinto Postulato che in tal caso continua a valere solo banalmente.

Anche nella più lunga e complessa dimostrazione volta alla refutazione dell'angolo acuto, già nella parte iniziale si richiama la stessa situazione delle due perpendicolari alla stessa retta che non possono incontrarsi. Nella figura che segue, le due rette **t** ed **r**, mentre il quadrilatero AHPK ha l'angolo acuto in P.

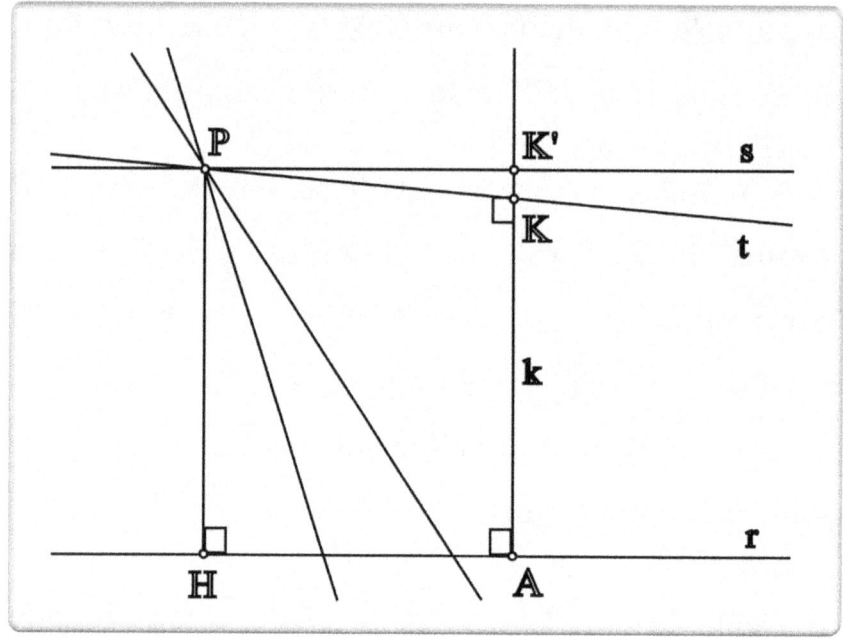

Se **t** ed **r** possono invece incontrarsi, **t** si comporta esattamente come le altre secanti ad **r**.

Quindi la confutazione fallisce in partenza. Essa non è stata comunque riconosciuta valida perché l'esistenza di rette asintotiche non viene considerata sufficientemente assurda da confutare l'ipotesi dell'angolo acuto. Ritengo invece che una "retta" che debba avere le caratteristiche di un ramo d'iperbole rispetto al suo asintoto non sia compatibile con la geometria neutrale, come non lo è con la geometria euclidea. Ma non è necessario approfondire questo aspetto: Saccheri fallisce prima. Troppo presto.

Fallisce infatti ben prima di poter dimostrare che le rette condotte da P ad r ad un certo punto smettono di essere secanti e quindi ci deve essere una retta limite m che le separa dalle non secanti, ovvero dalle iperparallele. E prima che si possa parlare di angolo di parallelismo.

Infine si dimostra la possibilità che una retta r della geometria neutrale sia asintotica, in quanto può approssimarsi ad un'altra retta s più di una quantità ε piccola a piacere; ma anche qui si ricorre all'angolo di parallelismo ed alle due parallele limite ad s nei due versi, quelle di cui Saccheri non può più dimostrare l'esistenza.

Questo significa che tranne la geometria sulla sfera e quella della Pseudosfera di Beltrami, o quella ellittica della Relatività Generale scelta da Einstein per ottenere una maggior semplicità delle leggi fisiche, laddove le geodetiche sono effettivamente tali su superfici curve, le altre geometrie non euclidee, a partire da quella iperbolica, sono geometrie costruite "ad hoc". E sono incompatibili già in partenza con la geometria neutrale in quanto contenenti elementi come archi di cerchio intesi come rette, angoli non euclidei o misure deformate, sempre "ad hoc". Elementi che è arduo già solo pensare di correlare alla "semplice" geometria neutrale, in cui non esistono rette tra loro asintotiche.

Come ultima osservazione, è da notare che sia nella confutazione dell'ipotesi dell'angolo ottuso di Saccheri che nella trattazione, anche attuale, dell'angolo acuto, cioè nella geometria iperbolica, si fa implicitamente, ed anche esplicitamente, uso dell'assioma di Pasch. Esso però deriva dal teorema dell'attraversamento del triangolo – crossbar – che ho dimostrato essere equivalente al Quinto Postulato di Euclide.

Questo capitolo si conclude tornando allo "Zenone non euclideo", evidenziando come, mentre anche qui Achille insegue la tartaruga, non sia sufficiente ottenere indefinitamente intervalli inferiori ad una quantità ε piccola a piacere.

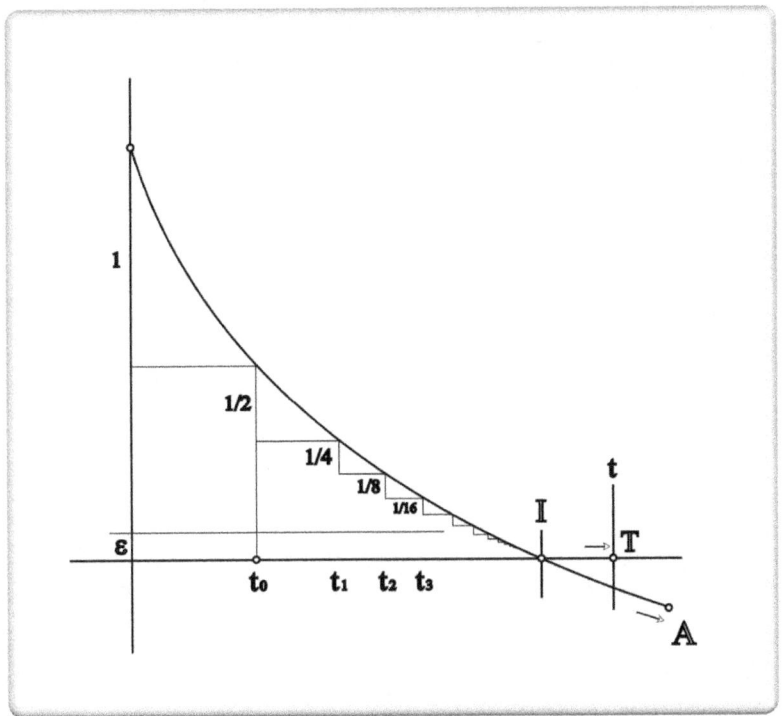

Achille infatti supera comunque in I la tartaruga, e lo si vede facilmente se entrambi devono raggiungere un traguardo posto oltre: il traguardo **t** di Aristotele.

Occorrono quindi ulteriori condizioni. Ad esempio, nel caso della dimostrazione dell'esistenza della retta asintotica occorrerebbe una successione convergente nel senso dell'approssimarsi alla retta **s**, correlata ad una successione divergente verso destra. Ma ritengo arduo che lo si possa realmente realizzare nell'ambito della geometria neutrale.

Premessa

Come noto, i falsi Paradossi di Zenone hanno attribuito fino ad oggi caratteristiche appunto paradossali ai concetti basilari di moto, di misura e di continuità. Un'insufficiente confutazione, a partire dallo stesso Aristotele, ha fatto sì che tali paradossi, esposti peraltro in una maniera fulminea, efficace ed affascinante, proiettassero una luce inquietante sulle fonti della conoscenza sia da un punto di vista matematico, geometrico e logico che da un punto di vista gnoseologico o fenomenologico per la filosofia.

Non raramente interi volumi che argomentano sull'intero scibile umano ruotando intorno al significato profondo dei paradossi di Zenone si concludono con l'auspicio di giungere prima o poi ad una loro definitiva soluzione, chissà se con nuovi risultati sulla continuità, che permettano di svelare il mistero della struttura infinitesimale della retta, e dei numeri reali su di essa rappresentati. Oppure qualcosa di attinente l'Ipotesi del Continuo di Cantor, che peraltro ritengo di aver dimostrato.

Procedendo più semplicemente, dal punto di vista fisico non si rilevano problemi; come anche in realtà da un punto di vista fenomenologico, ove non si consideri la possibilità che tutto sia illusorio, il che, non a caso, è anche ciò a cui intendeva condurci il nostro Zenone. La realtà del moto viene osservata quotidianamente, ed anche se ogni centimetro può essere suddiviso indefinitamente, il moto dei corpi non appare risentirne in alcun modo.

Dal punto di vista geometrico e logico questo però non è sufficiente, occorre una dimostrazione. O, se si preferisce, occorre confutare gli argomenti di Zenone, in particolar modo quello celebre dell'inseguimento della tartaruga da parte di Achille, e quello della freccia.

In realtà occorrerà confutarli tutti.

Bene, nel mio "Nuovo Calcolo senza limiti", oltre a diversi altri risultati come la suaccennata dimostrazione dell'Ipotesi del Continuo, giungo a questo ottenendo un Teorema di impossibilità per il primo argomento, quello dell'inseguimento della tartaruga.

Ciò permette di confutare anche l'argomento della freccia, proseguendo poi con la confutazione dei rimanenti.

Naturalmente le implicazioni immediate sono notevoli, a partire ad esempio dalla classica teoria della misura, basata su un'unità di misura estesa più o meno arbitraria. Non le è più opponibile l'eventuale argomentare se e come possa essere costituita di infiniti punti di ciascuno dei quali non ne esiste il successivo. Cosa ne sarebbe se invece determinati punti, nelle intenzioni e nell'interpretazione di Zenone, risultassero di volta in volta irraggiungibili?

Infine, nelle confutazioni ho richiesto l'intervento di Ettore, Paride ed un paio di dei, dal classico carattere protettivo e litigioso…

ZENONE CONFUTATO

Ancor oggi i paradossi di Zenone vengono riproposti come se avessero una qualche validità, in ambito filosofico o matematico che sia. Diversi articoli e libri li considerano ancora insuperati, dopo ventiquattro secoli, come argomenti capaci di indagare in qualche modo il paradosso del moto anche da un punto di vita fenomenologico.

È allora interessante verificare, invece, una loro possibile confutazione o evidenza di inadeguatezza.

Ottenendo questo eventualmente senza richiamare risultati moderni e complessi come le successioni convergenti di infiniti termini, ma con metodi classici come le dimostrazioni per assurdo che hanno reso grandi i greci, permettendo ad esempio di dimostrare l'infinità dei numeri primi o l'incommensurabilità tra lato e diagonale nel quadrato.

Questo, stante il non ritenere razionalmente giustificato lo spettacolare successo della matematica nell'ambito delle scienze fisiche e naturali, e non proponibile accettarne il grado di precisione come prova di verità e di reale tangibilità nel mondo fisico.

Riguardo al paradosso di gran lunga più famoso, ed abusato, possiamo certamente dire, ad esempio, che anche Ettore è in grado di correre, e corre, alla stessa velocità di Achille. Adesso tocca a lui inseguire la nostra tartaruga che parte con un vantaggio.

Achille, da una certa distanza che preciseremo, va invece incontro alla tartaruga dalla parte opposta.

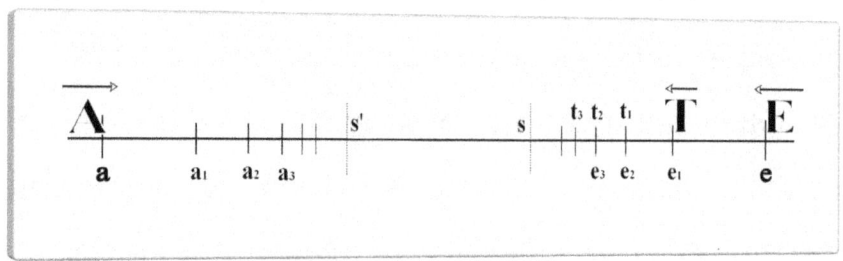

Achille ed Ettore procedono allora alla stessa velocità costante in senso opposto, e la tartaruga **T**

procede ad una velocità costante inferiore, inseguita da Ettore, come in figura; nessuno di essi si ferma.

Supponiamo adesso per assurdo che siano valide le costruzioni di Zenone. Allora Ettore non potrà raggiungere la tartaruga, pur approssimandosi sempre più ad essa ed entrambi al punto di superamento **s** che si potrebbe facilmente calcolare. Ma abbiamo rinunciato in partenza ad approfittare dei calcoli matematici!

Se, secondo Zenone, Ettore raggiunge i punti e_1, e_2, e_3… dov'era prima la tartaruga, la quale nel frattempo raggiunge i punti t_1, t_2, t_3… senza che sia mai possibile superarla, adesso notiamo che Achille, procedendo alla stessa velocità di Ettore, raggiunge a sua volta i punti a_1, a_2, a_3… ma neanche lui potrà raggiungere la tartaruga, a meno che non parta da un punto molto prossimo agli altri due corridori, cioè a meno che non sia **ae < 2 es**. Allora, senza fermarsi, Achille e la tartaruga non si raggiungono nemmeno se si vengono incontro! E già questo è in odore di impossibilità. Ma possiamo andare oltre.

Supponiamo allora che la tartaruga se ne stia immobile, cioè che la sua velocità sia nulla. Allora Ettore la può raggiungere senz'altro in e_1, al primo tratto, e può proseguire senza problemi fino a raggiungere il punto di partenza **a** di Achille che contemporaneamente, procedendo alla stessa velocità, raggiunge il punto di partenza **e** di Ettore.

Quindi stavolta Achille supera la tartaruga rimasta immobile.

L'assurdo appare subito evidente: Achille non può raggiungere la tartaruga se essa gli corre incontro, accorciando le distanze, ma la può raggiungere e superare se essa rimane immobile.

Questo è evidentemente impossibile e senza senso, ed il ragionamento assume la forza di un vero e proprio **_Teorema di impossibilità_** per le costruzioni di Zenone.

Vale a dire: si possono considerare per le distanze percorse o da percorrere, durante un moto costante, tutte le suddivisioni che si vogliano, in numero finito od infinito. Questo non influirà minimamente sul moto stesso né lo impedirà. Achille od Ettore supereranno la tartaruga, dopo averla raggiunta senza problemi, per il solo fatto di correre ad una velocità maggiore. Se si pensa il contrario si va incontro ad insanabile contraddizione.

Questo risultato già inficia tutti gli altri argomenti di Zenone, ma vediamolo con maggior chiarezza.

- (della freccia) una freccia appare in movimento, ma in realtà è immobile; in ogni istante occupa uno spazio pari alla sua lunghezza, e poiché il tempo in cui dovrebbe avvenire il movimento è composto di singoli istanti, essa è immobile in ciascun istante.

Si può argomentare in almeno un paio di modi: anzitutto, come abbiamo già visto, si possono considerare per le distanze percorse o da percorrere durante un moto tutte le suddivisioni che si vogliano, in numero finito od infinito. Questo non influirà minimamente sul moto stesso né lo impedirà. La freccia in qualsiasi punto ed istante del suo percorso non sarà immobile ma lo starà appunto percorrendo, in assenza di ostacoli, conservando la sua velocità, che oggi chiamiamo velocità istantanea. Altrimenti si andrebbe incontro a contraddizione. E se in tutti gli istanti la freccia fosse sempre immobile, la sua distanza dall'arco non aumenterebbe né quella dal bersaglio diminuirebbe, contro ogni osservazione fenomenologica del moto che consiste appunto di variazioni di distanze e posizioni relative ad un punto di riferimento. Considerando poi che il tutto sta sulla Terra che si muove celermente su se stessa ed intorno al Sole, la freccia di Zenone immobile non lo è mai.

In altro modo, la freccia sarà immobile rispetto a se stessa anche quando è nella faretra, ed io sono fenomenologicamente sicuro che è in movimento perché la sto trasportando. Inoltre, alla fine del suo volo può colpire l'invulnerabile Achille, oppure più semplicemente una roccia, e spezzarsi. Allora non può essere immobile nemmeno rispetto a se stessa, perché una sua parte si stacca e si allontana dall'altra.

- (dello stadio) non si può giungere in fondo allo stadio se prima non se ne raggiunge la metà, quindi si deve raggiungere la metà della [*seconda*] metà, e così via, senza poter giungere dall'altra parte.

Ovvero, la freccia non può mai raggiungere il suo bersaglio.

Questo argomento è un po' più vivace: per spezzare la monotonia degli argomenti zenoniani ho deciso di narrare una breve storia.

Paride, per vendicare Ettore, finalmente si arma e scaglia le sue frecce che non feriscono l'invulnerabile Achille. Ma scagliando l'ultima freccia le sue mani vengono guidate dal dio Apollo che, mirando al tallone **T** di Achille, crea un entanglement quantistico.

Interviene pronta Atena, la dea della Sapienza, che lancia l'anatema del paradosso di Zenone:

"La freccia deve percorrere metà del suo volo, e poi metà dalla metà rimanente, poi la metà ancora, e così via, senza fine, e dovendo superare infiniti tratti non può raggiungere il suo bersaglio".

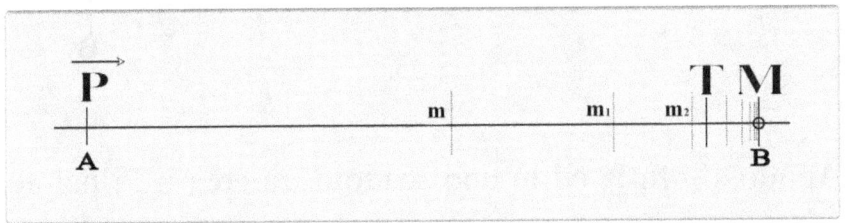

Ma ad Apollo basta mirare un po' più avanti, al punto **M**; allora gli infiniti tratti si addensano oltre il tallone di Achille, **T**. Egli sa che per il teorema di Bolzano-Weierstrass ogni segmento che sia limitato ed abbia infinite suddivisioni ammette almeno un punto di accumulazione, che in questo caso è proprio M. Potendo percorrere un numero finito di tratti la freccia raggiungerebbe il vero bersaglio, **T**. Allora Atena fa appello alla forma più forte del paradosso di Zenone:

- (dello stadio) non si può giungere in fondo allo stadio se prima non se ne raggiunge la metà, ma prima di giungervi si deve raggiungere la metà della [*prima*] metà, e così via, senza poter giungere dall'altra parte (anzi, senza neanche poter partire).

Un'infinità di tratti da percorrere si addensa sulla punta **P** della freccia; la mano di Paride trema, la freccia non può lasciare l'arco, che sembra afflosciarsi.

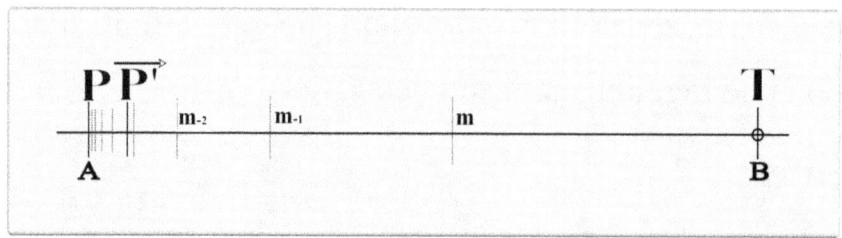

Apollo s'infuria ed in uno scatto d'ira crea il Principio d'Indeterminazione, che poi verrà scoperto da Werner Heisemberg: l'intero universo per un attimo è avvolto da un tremolio fluorescente. Ora la punta della freccia potrebbe essere in **P**, oppure è forse in **P'**...

Intanto un sasso fa sobbalzare il cocchio di Paride e la punta della freccia si posiziona proprio in **P′**.

Di nuovo, potendo percorrere un numero finito di tratti la freccia raggiunge il bersaglio; l'entanglement quantistico teletrasporta la freccia fino a trafiggere direttamente il tallone d'Achille... ed è avvelenata.

Bene, all'interno della storiella c'è la falsificazione del secondo più famoso paradosso di Zenone.

Naturalmente, tra la punta **P** della freccia ed il bersaglio **T** si possono frapporre quanti intervalli **AB**, **CD**, **EF**... si vogliano, ognuno con la sua brava suddivisione in infiniti intervalli in stile zenoniano. Ma ormai sappiamo, dal relativo teorema di impossibilità dimostrato all'inizio di questo capitolo, che nessuna di tali infinite suddivisioni, in qualsiasi modo si pensi di effettuarle, può influire sul moto della freccia né su qualsiasi moto. Altrimenti si va incontro a contraddizione.

In sintesi, se il punto di accumulazione di una suddivisione zenoniana **AB** in infiniti intervalli rientra nel tragitto del moto, si ricade nel suddetto teorema di impossibilità; se l'intervallo **AB** è invece più ampio l'oggetto in moto deve superare un numero finito di intervalli e non occorre nemmeno richiamare il teorema di impossibilità. Il considerare o meno i singoli punti o delle suddivisioni finite od infinite di un segmento rettilineo su cui un corpo si muove può risultare di interesse matematico, per la teoria dei numeri e della misura, ma ai fini del moto risulta essere un'operazione virtuale, rispetto alla quale cioè il moto rimane del tutto indifferente. Che sia valida o meno l'Ipotesi del Continuo di Cantor non ha quindi alcuna influenza sul moto fisico.

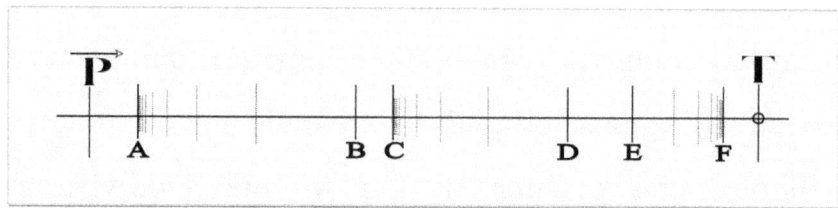

Prendiamo adesso in considerazione un dato intervallo, ad esempio **AB**. Esso può essere suddiviso in infiniti intervalli mediante il semplice metodo dicotomico adottato da Zenone. Oppure suddividendo ogni volta *tutti* i sotto-intervalli, ad esempio suddividendo ogni volta tutti i sotto-intervalli per dieci, in analogia al sistema metrico decimale. In tal modo ogni punto è al limite un punto di accumulazione; nella suddivisione continua si incontrano tutti i razionali ricompresi nell'intervallo **AB** ed i punti di suddivisione sono densi. Con un passaggio al limite si raggiungono tutti i reali ricompresi nell'intervallo, essendo ogni reale una successione convergente di Cauchy di razionali, e, dato il passaggio al limite direttamente dai razionali ai reali senza nessun'altro tipo di numero intermedio, ne deriva la verità dell'Ipotesi del Continuo di Cantor.

Zenone però afferma:

- se le cose sono molte, sono allo stesso tempo un numero finito ed infinito: sono finite in quanto sono né più né meno di quante sono, infinite perché tra la prima e la seconda ce n'è una terza, e così via.
- se le unità in cui sono indefinitamente suddivise le cose non hanno grandezza, le cose da esse composte non hanno grandezza; mentre se le unità hanno una certa grandezza, le cose composte da infinite unità avranno infinita grandezza.

In queste affermazioni, evidentemente correlate e note come "Contro il pluralismo", Zenone dimentica però di precisare e delimitare le cose di cui parla.

Evidentemente egli parte da un insieme di cose finito e delimitato, e che quindi ricopre un intervallo **AB**. Ebbene, entrambe le risposte che dà sono errate. Ricomponendo le cose esattamente all'inverso di come sono state suddivise si perviene nuovamente alle cose originarie, cioè si ricostruisce l'intervallo **AB** e non un intervallo vuoto e neppure infinito. La semplice analisi di come le cose possano essere distinte in sotto-parti, per quanto minuziosa, non le consuma fino ad azzerarle, né tantomeno le espande all'infinito.

Con l'indefinita suddivisione Zenone ci spinge oltre i razionali, verso i numeri reali, fino a giungere ad un intervallo puntiforme e degenere; vedi il teorema di Bolzano-Weierstrass al capitolo "Punto e numero – assiomi". Ma per passare dai razionali ai reali occorre un passaggio al limite, come avviene in una differenziazione.

Infatti, fin quando la suddivisione si limita ad un numero finito di sotto-intervalli, ciascuno di essi sarà finito e, come per la freccia che deve sorvolare un numero finito di intervalli, non emergono problemi per ricoprire l'intervallo **AB**. Quando invece si è effettuato il passaggio al limite, per tornare indietro occorre un procedimento di integrazione, metodo di cui si ha effettiva padronanza a partire dal seicento, ma che già Archimede anticipava.

- (le due masse nello stadio) se due masse nello stadio si vengono incontro, segue assurdamente che la metà del tempo vale il doppio.

L'argomento è facilmente confutato dal sommarsi delle velocità relative, già in senso galileano. Ne seguono interessanti sviluppi, vedere da pagina 17.

Concludendo, nessuno dei paradossi di Zenone sopravvive ad un'analisi neanche tanto difficile.

Non si può quindi più parlare di paradossi, seppur affascinanti, ma piuttosto di banali e grossolani errori.

Da non ripetere, piuttosto che da continuare a riproporre in articoli e testi che così facilmente acquistano lo stile del "C'era una volta il Signore dei Quattro Paradossi..." anche se con arguto lieto fine.

Infine, a proposito della teoria della misura, si può dedurre che esistano due possibilità. Una misura sintetica e classica, basata sull'unità di misura estesa, con i suoi multipli e sottomultipli su cui effettuare le usuali operazioni. Essa, conformemente al teorema di impossibilità del paradosso di Zenone, può ora convivere, come il moto, con l'infinita suddivisibilità dei segmenti e con gli intervalli puntiformi.

Ed una misura analitica di tipo integrale che si può riscontrare appunto nella Teoria della misura e dell'integrale di Lebesgue, con i relativi Teoremi di convergenza, che generalizza il più classico integrale di Riemann. Essa ricomprende le misure classiche ma è capace di trattare, ad esempio, della misura dell'insieme denso ma di misura nulla dei numeri razionali $\mathbb{Q}$, o dell'insieme dei reali $\mathbb{R}$ di un segmento. O dell'insieme noto come "Polvere di Cantor" che ha misura nulla pur essendo non numerabile ed è un frattale di dimensione di Hausdorff irrazionale.

In ogni caso, moto e misura non hanno più le caratteristiche paradossali indicate da Zenone.

LA TARTARUGA ED IL PUNTO NON RAGGIUNTO

Esclamando "lo vedo ma non ci credo!" Georg Cantor (1845-1918) ha mostrato come mettere in relazione i punti di un segmento con quelli di una superficie, di un volume o di un ipervolume, deducendo che vale $\text{card}(0,1)^2 = \text{card}(0,1)$ ovvero $\aleph_1 \cdot \aleph_1 = \aleph_1$, e per estensione

$$\aleph_1^n = \aleph_1, \text{ ovvero } c^n = c.$$

Dove $(0,1)$ rappresenta il segmento, che in questo caso possiede una lunghezza unitaria. Quindi collegando ed equiparando, in un certo qual modo, degli enti di dimensioni diverse; anche molto diverse.

Nessuno può però pensare di poter fare qualcosa di simile rispetto all'ente geometrico minimo, il punto.

Anche se esso viene considerato essere forse l'ente più fondamentale, pretendendo che tutti gli altri enti siano costituiti di punti, ovvero che siano "luoghi geometrici" costituiti di punti.

In realtà non si vede esattamente come ciò possa avvenire, dato che un punto non ha un successivo, così come un reale non ha un suo successivo. Ed evidenzierei: nemmeno un razionale ha un suo successivo. D'altra parte Cantor non è riuscito, nonostante sforzi fuori dal comune, a dimostrare la sua Ipotesi del Continuo.

Non per nulla mantengono ancor oggi un grande fascino i falsi paradossi di Zenone.

È allora interessante il tentativo che è stato escogitato da Alfred North Whitehead (1861-1947) volto proprio a definire, circoscrivere e "creare" i punti partendo da uno "Spazio senza Punti", ovvero uno spazio dove esistano solo Regioni Estese. Ed allo stesso modo "creare" anche molto altro: Segmenti, Triangoli, Tetraedri, fino, in prospettiva, a generare in gran parte, se non tutta, la Geometria Euclidea.

Per avere una qualche idea di cosa accade in uno Spazio senza Punti, vediamo cosa succede con la classica diseguaglianza triangolare valida ogni volta che si considerano tre punti.

Naturalmente con le regioni estese essa non è più valida; con tre punti R, S, T avremmo per le loro distanze $d(R,S) \leq d(R,T) + d(T,S)$ ovvero in segmenti $RS \leq RT + TS$, ma dalla figura

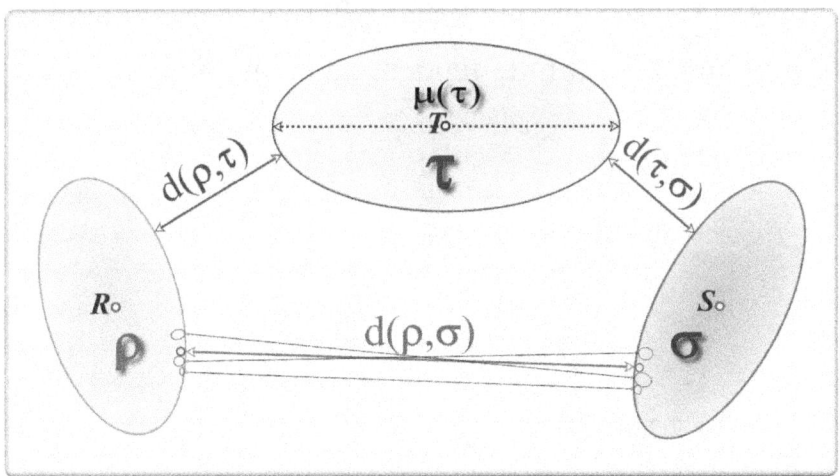

dove per distanza $d(\rho,\sigma)$ tra due regioni ρ e σ si può intuitivamente intendere la distanza minima tra tutte le possibili sotto-regioni interne ad esse, eventualmente limitandoci a quelle tangenzialmente interne, segue evidentemente che la diseguaglianza $d(\rho,\sigma) \leq d(\rho,\tau) + d(\tau,\sigma)$ non è valida. Occorrerà quantomeno far intervenire anche un termine che possiamo definire come $\mu(\tau)$ = misura(τ) e che indica la massima estensione della regione τ, ottenendo:

$$d(\rho,\sigma) \leq d(\rho,\tau) + \mu(\tau) + d(\tau,\sigma)$$

Bene, se immaginiamo che le tre regioni diventino molto piccole possiamo intuire come questa seconda espressione si può approssimare alla diseguaglianza triangolare, ed al limite tendere ad essa, come in figura.

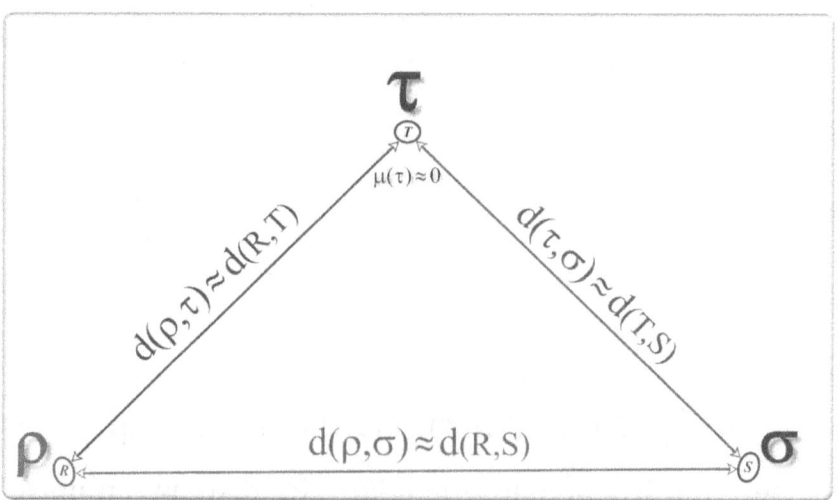

In quest'altra figura possiamo vedere come Whitehead pensa di procedere per poter passare da una successione di regioni estese, che in questo caso sono tridimensionali, ad una regione del tutto diversa che ha una sola dimensione, ad esempio col vincolo di contenere una serie non necessariamente finita di punti P_1, P_2, P_3, P_4, P_5, ... P_n.

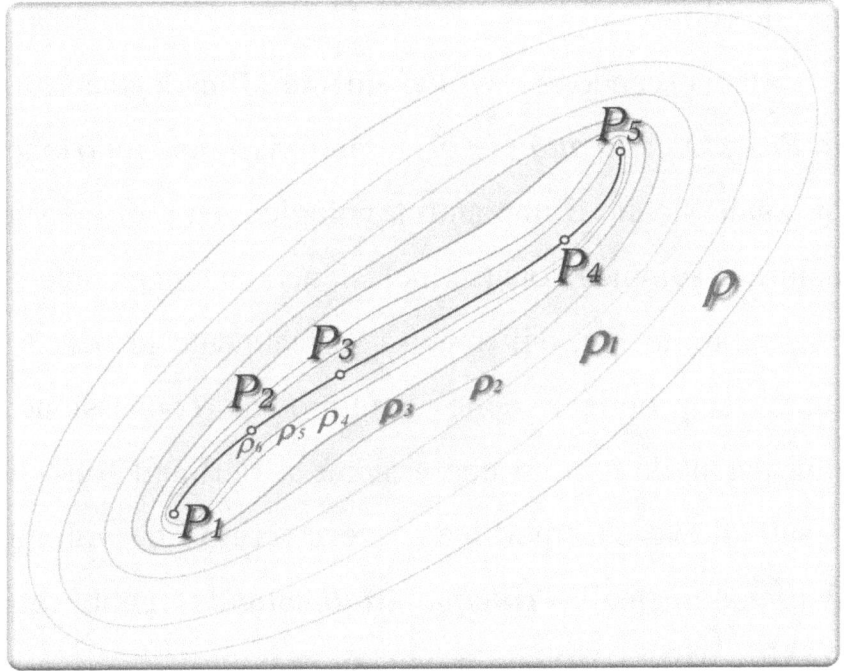

Quando il "vincolo" è un unico punto, ma può anche presentarsi una circolarità, viene creato il punto stesso.

Whitehead definisce questo procedimento come un *Processo di Astrazione* creato da una successione di regioni, ognuna inclusa nella precedente con una "inclusione non tangenziale", cioè senza contatti ai bordi, e tale che non esista una regione inclusa in tutte le altre, cioè che non esista una regione minimale.

Nel fare questo egli abbandona il precedente approccio insiemistico basato sulla tipica relazione di inclusione abbinata però ad una parallela relazione di estensione.

Riconoscendone evidentemente l'inadeguatezza, in **Processo e Realtà** (1929) le preferisce una relazione di connessione, di impianto topologico, ed è di questa natura la summenzionata "inclusione non tangenziale".

Naturalmente, egli precisa formalmente in ben 31 tutte le proprietà delle strutture di connessione; non per nulla è colui che assieme a Bertrand Russell – suo allievo a Cambridge – aveva scritto i tre volumi dei monumentali **Principia Mathematica** (pubblicati fra il 1910 - 1913), in cui si sperava di derivare l'intera matematica dalla logica.

Per inciso, siamo a ridosso della cosiddetta "Crisi delle Fondamenta" per la Matematica di fine ottocento;

ed in un periodo di grande fermento, con la nascita della teoria degli insiemi, dell'assiomatica di Hilbert per la Geometria, dell'assiomatica di Peano per l'Aritmetica, della scoperta delle Antinomie di Russell.

Non può sfuggire un parallelo tra il "creativo" Processo di Astrazione di Whitehead e le Sezioni di Dedekind con la loro sovrumana capacità, nonostante i razionali siano infiniti ed infinitamente densi, di scartarli tutti e di individuare, ovvero di "creare", un irrazionale di cui il matematico Dedekind evidentemente ha già deciso l'esistenza, vedi alle pagine 121-123.

Questo corrisponde anche a considerare il numero reale come il risultato della Sezione di Dedekind, o preferibilmente di una successione fondamentale di Cauchy. È però possibile intendere che il numero reale sia da identificare con l'intera successione di Cauchy, che ne determina progressivamente tutte le cifre decimali. In questo senso, attenendoci ad un ambito geometrico, il punto potrebbe essere identificato con l'intera successione delle regioni che lo creano ed assumerne anche le caratteristiche.

Quindi il punto potrebbe possedere "forma" od anche direzione o rotazione. Ed esso, P_1 in figura, potrebbe avere forma di tartaruga, possederne la direzione dello sguardo, ed anche l'eventuale rotazione.

Formalmente, si procede definendo una similitudine di rapporto *r* che, oltre a conservare una data forma, rispetta la nostra inclusione non tangenziale. Allora un punto-forma è quello che, nell'insieme delle forme con tale similitudine che è anche una classe completa di equivalenza, è minimale e non include propriamente nessun altro elemento geometrico.

Incredibilmente, in una singola posizione dello spazio geometrico potrebbe esistere un'infinità di punti dalle forme più diverse, compresa la nostra tartaruga rotante mentre guarda in una determinata direzione, ed una sua proprietà sarebbe molto simile allo spin delle particelle subatomiche puntiformi.

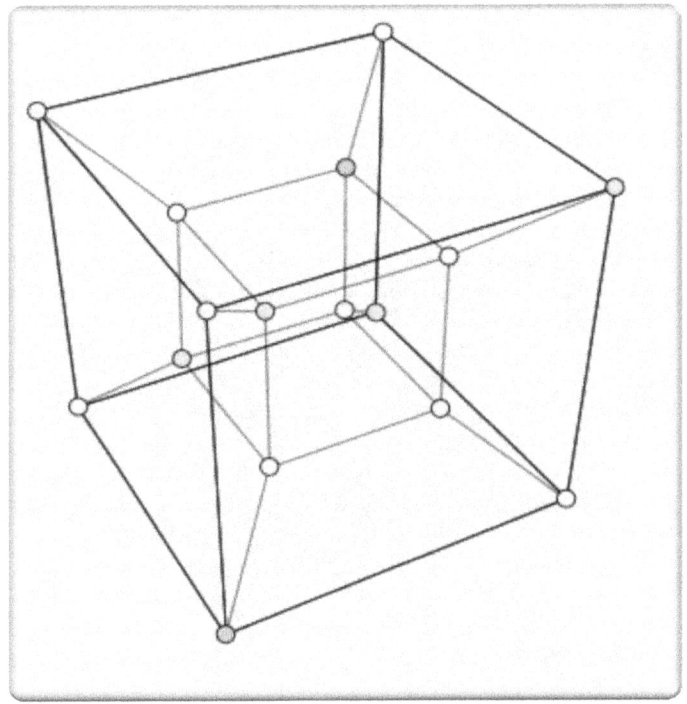

Sezione 3D di un tesseratto 4 – dimensionale
http://it.wikipedia.org/wiki/File:Hypercubecentral.svg – pubblico dominio

Ancor più incredibilmente, se la forma conservata dalla relazione di similitudine è, ad esempio, quella di un indisegnabile tesseratto quadridimensionale, nella figura che precede una sezione tridimensionale, o di un enneratto 9-dimensionale, nella figura seguente una proiezione ortogonale, il punto dovrebbe allora conservarne, oltre che la forma, anche la caratteristica della sua propria multidimensionalità...

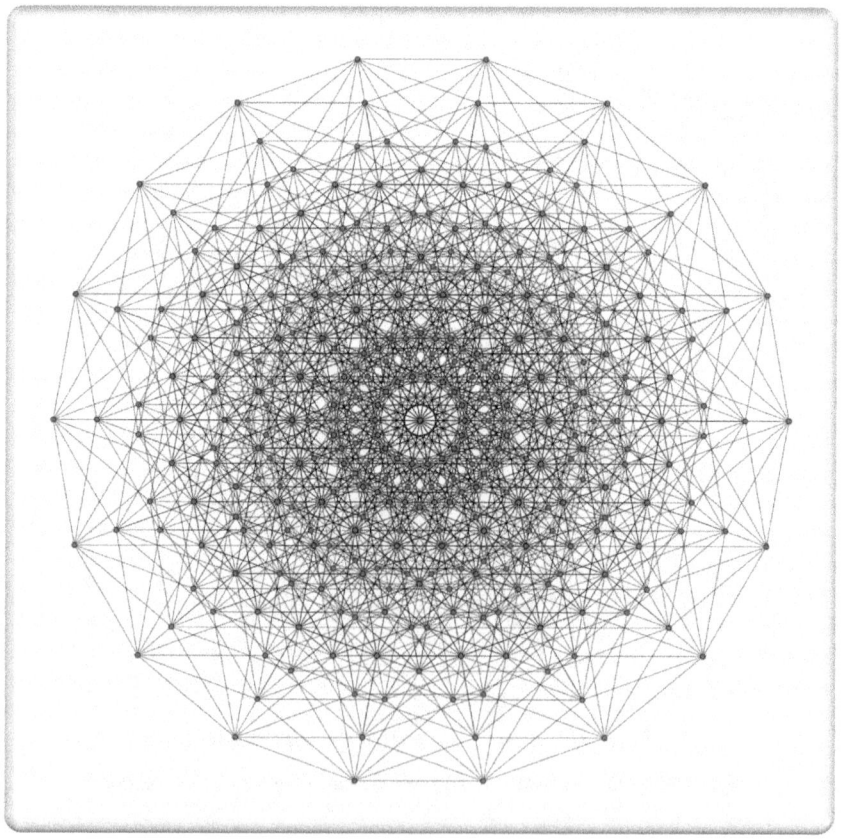

Proiezione di enneratto 9 – dimensionale
http://en.wikipedia.org/wiki/User:Rocchini
Creative Commons Attribution 3.0 - http://creativecommons.org/licenses/by/3.0/deed.it

Tornando a Whitehead, egli si accosta un po' di più alla geometria più classica quando tenta di definire o "creare" mediante il suo Processo di Astrazione il segmento rettilineo. Per farlo deve restringere le caratteristiche delle regioni, limitandole a degli Ovali Convessi. La caratteristica della convessità esclude infatti che, ove tali regioni si "avvolgano" attorno a due punti, si possano determinare linee curve,

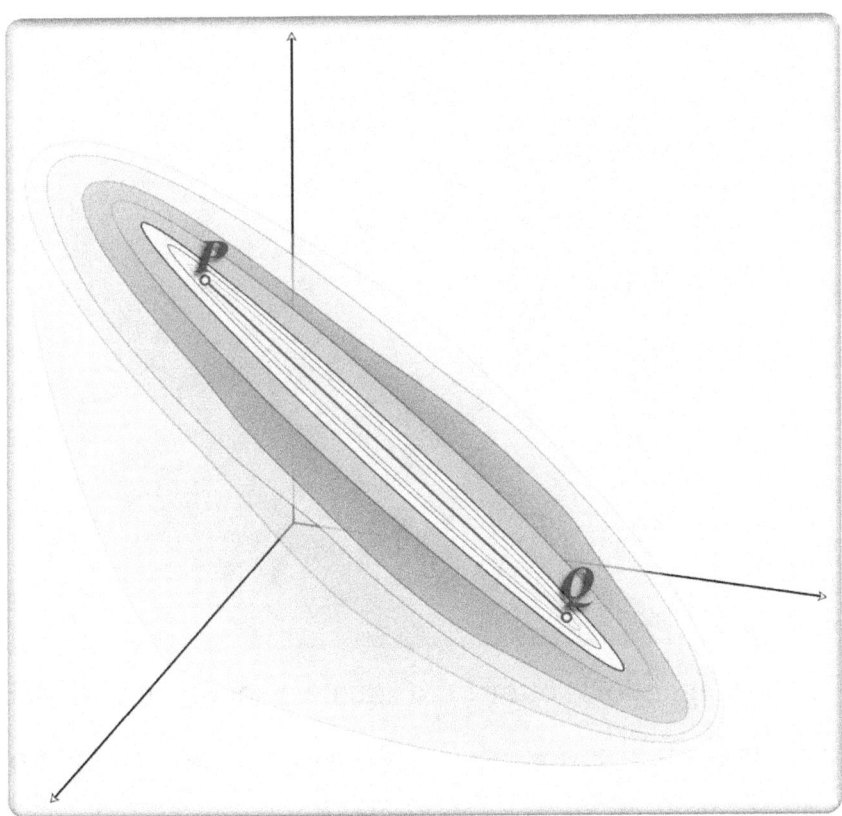

per cui necessariamente viene delimitato un segmento rettilineo che ha per estremi proprio i due punti.

Similmente, avvolgendosi attorno a tre punti, gli Ovali si restringono su di un triangolo pieno, cioè completo della sua superficie, mentre ognuno dei tre lati deriva da una coppia di punti.

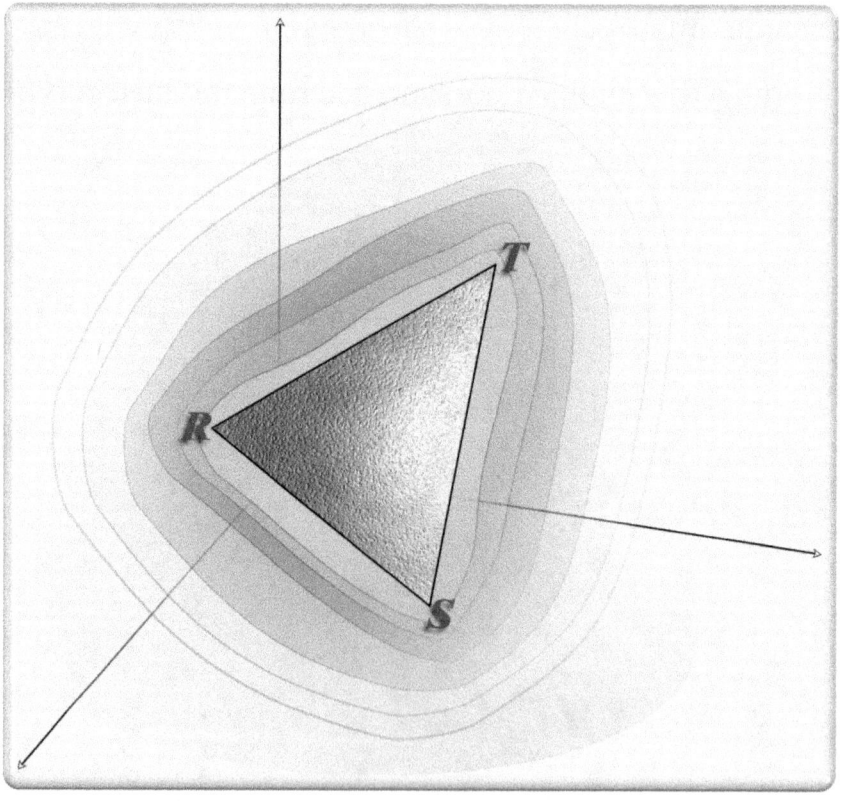

Ed avvolgendosi attorno a quattro punti gli Ovali si restringerebbero su di un tetraedro pieno, completo del suo volume. E così via, in spazi ad n dimensioni.

Whitehead nel suo *Processo e Realtà* formalizza anche gli assiomi per gli Ovali, ma a questo punto ho un'obiezione che, nella sua corsa al formalismo, certamente gli è sfuggita. Si tratta della nozione di convessità. Nel suo utilizzo si annida un procedimento circolare, un percorso vizioso insanabile.

Infatti, la nozione di convessità poggia proprio sul concetto di segmento rettilineo: non si può allora definire o "creare" il segmento rettilineo a partire da un qualsiasi procedimento che già lo presuppone.

A mio avviso, crolla tutta la parte più interessante della costruzione di Whitehead.

Sembra rimanere indenne, a prima vista, la sua creazione del punto. Ma avrei anche per essa qualche dubbio: come si fa a "guidare" il suo Processo di Astrazione fino a creare il punto senza presupporre in anticipo la nozione stessa di punto, e dove cercarlo?

Infine, se si accetta la costruzione del punto-forma definendo una similitudine di rapporto r, non ci si potrebbe poi fermare solo a questa, ma rimarrebbero presto coinvolte altre proprietà, come ad esempio i colori oppure i movimenti. Potrebbe anche essere sufficiente che le forme siano solo "riconoscibili". Oltre che i punti-tesseratto quadridimensionali, i punti-enneratto 9-dimensionali, avremmo punti con schemi di colori cangianti oppure con la forma dinamica di un leopardo mentre insegue la gazzella.

Richiamerei allora il principio del Rasoio di Occam, che ci evita un punto a forma di centrale nucleare, effetto Čerenkov incluso, per non parlare inoltre dell'entropia infinita che avrebbero i punti nello spazio geometrico, quanto ad infinita quantità d'informazione:

«Frustra fit per plura quod fieri potest per pauciora».

Perché poi voler "raggiungere" il punto partendo da regioni di due o molte dimensioni, passando quindi per tutte quelle intermedie compresi i segmenti unidimensionali, quando il nodo è il passaggio tra i segmenti ed i punti, cioè "trovare" i punti sulla retta?

Se poi si considerano spazi a 10 o 11 dimensioni come quelli più matematici che fisici delle Teorie delle Stringhe, è impossibile che avvolgano i segmenti, dato che hanno 6 o 7 dimensioni compattificate.

Trovate una più ampia formalizzazione del tentativo di Whitehead nell'ottimo testo "Tentativi di fondare la matematica, Volume I, *Un punto dal volto di gatto*" pagine 59-76 del professore Giangiacomo Gerla dell'Università di Salerno. È pubblicato su ilmiolibro.it dove trovate anche questo volume.

PUNTO E NUMERO ASSIOMI

La freccia di Zenone, che possiamo considerare come un segmento su di una linea retta, indubbiamente si muove, con continuità. E gli argomenti di Zenone non possono più essere considerati seriamente se non dal punto di vista storico, o didattico. Gli estremi della freccia, o del segmento, sono due punti, ed oggi si descrive il movimento di un punto sulla retta come capace di tracciarla con completezza grazie alla continuità di tale movimento. La continuità è quindi un concetto che si è rivelato molto importante, mentre non si finisce mai di criticare Euclide per averla considerata solo implicitamente, tanto da inserirne nei moderni sistemi assiomatici gli appositi assiomi, in particolare quello di Dedekind detto anche di completezza, come Hilbert insegna. Inoltre, è ovviamente ritenuta di grande interesse l'Ipotesi del continuo di Cantor.

A proposito della continuità si è fatto cenno al noto teorema di Bolzano-Weierstrass sulle successioni convergenti, che è fondamentale.

Spesso per la dimostrazione di questo teorema si richiamano gli assiomi per la completezza o per la continuità di Dedekind, oltre che il teorema di Cantor sugli intervalli incapsulati; ritengo però che questo non sia necessario, anzi sia pernicioso; infatti così facendo si esclude in partenza la possibilità che dal teorema di Bolzano-Weierstrass si possano trarre conclusioni utili proprio per la continuità stessa. Si dovrebbe tenere a mente la lezione di Euclide, che non ha usato il quinto postulato finché ha potuto: evidentemente ha sempre cercato di provarlo ed alla fine ha ordinato in un sistema coerente e non ridondante i risultati trovati.

Il teorema afferma: ***Ogni insieme E di numeri reali che sia limitato ed abbia infiniti elementi ammette almeno un punto di accumulazione***.

Dato che l'insieme è limitato, e quindi lo è sia superiormente che inferiormente, sarà contenuto in un intervallo chiuso e limitato $I = [a, b]$ con misura mis(I) razionale che possiamo suddividere in più parti non necessariamente uguali tra di loro.

E dato che i suoi elementi sono infiniti, dovranno essere infiniti in almeno una di queste parti. In almeno una: non si esclude infatti che l'insieme E abbia più punti di accumulazione, o ne abbia infiniti.

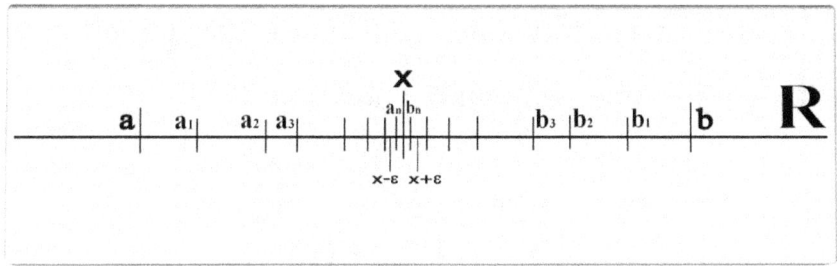

Il ragionamento può essere ripetuto, per cui possiamo considerare una successione di intervalli I_n, tutti chiusi e limitati, sempre più piccoli ed ognuno incluso nell'intervallo precedente, con il quale ha al più un estremo in comune. La configurazione è del tutto simile a quella degli intervalli incapsulati di cui il relativo Teorema di Cantor.

$$C_1 \supseteq C_2 \supseteq \cdots \supseteq C_n \supseteq \ldots$$

Non si farà però appello a questo teorema di Cantor per due motivi. Tale teorema appare banale: se in premessa nella sequenza di insiemi incapsulati, nonostante possano essere infiniti, si suppone comunque che possano essere tutti non vuoti, dato che l'intersezione di un insieme con uno in esso contenuto coincide sempre con l'insieme contenuto, è ovvio che l'intersezione di tutti questi insiemi è non vuota, dato che ogni insieme contenuto è non vuoto.

$$\bigcap_{n=1}^{+\infty} C_n \neq \emptyset$$

Si può ritenere comunque utile la dimostrazione, ma non è necessaria. Inoltre, nella nostra successione gli intervalli I_n non devono essere semplicemente non vuoti: devono tutti contenere infiniti elementi.

In ogni caso il nostro ennesimo intervallo $I_n = [\,a_n, b_n\,]$ deve contenere infiniti elementi e quindi a maggior ragione sarà non vuoto. E tuttavia tale intervallo avrà alla fine anche le caratteristiche di un intervallo puntiforme $I = \{x\}$.

Se infatti il nostro intervallo alla fine fosse un intervallo esteso $I = [\,x\,,\,y\,]$ ed $x < y$, $y - x = k$, dato che esso deve essere incluso in ogni I_n, non potrà esserlo perché avremo sempre un $I_n < k$. Ad esempio, se gli I_n si dimezzano continuamente abbiamo infatti

$$b_n - a_n = \frac{b-a}{2^n}$$

e

$$\lim_{n \to \infty}(b_n - a_n) = $$
$$= \lim_{n \to \infty}\left(\frac{b-a}{2^n}\right) = 0 < k$$

Infine, l'intervallo puntiforme $I = \{x\}$ è un punto di accumulazione per E proprio perché ogni I_n deve contenere infiniti elementi mentre cade dentro un intorno qualsiasi di I. Sempre nel caso che gli I_n si dimezzino continuamente, per un intorno

$$I(x; \varepsilon) = \,] \, x - \varepsilon; \, x + \varepsilon \, [$$

basterà che per le lunghezze sia

$$\text{mis}(I_n) = b_n - a_n = (b - a)/2^n < 2\epsilon, \quad (b - a)/\varepsilon < 2^{n+1}$$

e questo si ottiene scegliendo un n tale che sia

$$n > \log_2\left(\frac{b-a}{\varepsilon}\right) - 1$$

L'intervallo $I = \{x\}$ viene detto **degenere**, in quanto puntiforme, e non più esteso come tutti gli I_n.

Avrei piuttosto il timore che possa essere affetto da insanabile contraddizione, essendo sia puntiforme e quindi assimilabile ad un insieme con un solo elemento – il numero reale x – ma anche, quale erede di tutti gli I_n, destinato a contenere infiniti elementi.

Quindi ritengo necessaria una verifica: anche un solo esempio a favore risolve il dilemma.

Fino a circa un secolo fa provare geometricamente un risultato analitico nobilitava la dimostrazione. Ricorrerò quindi alla geometria.

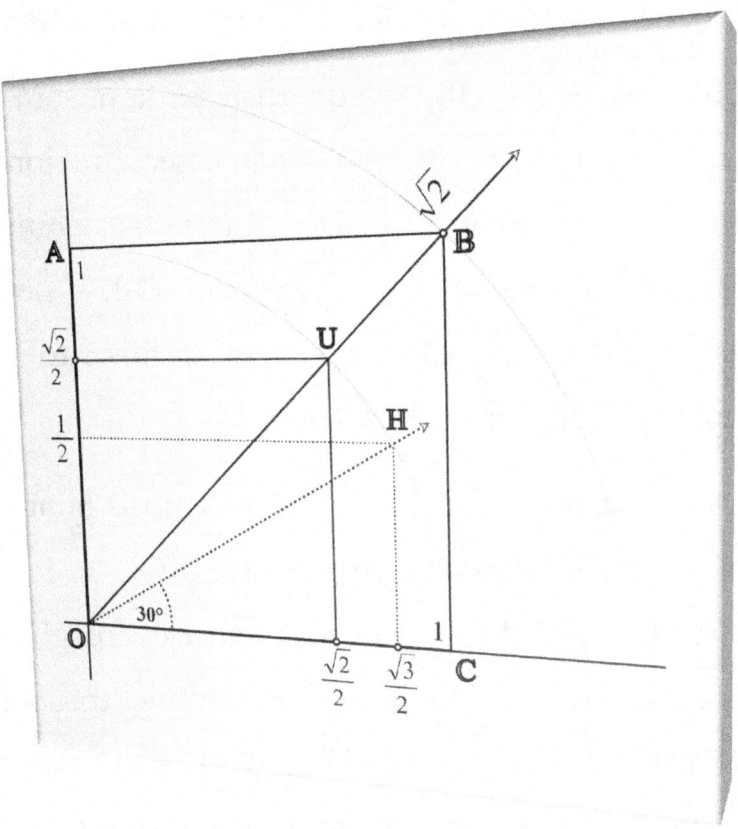

Nella figura qui sopra è tracciato il quadrato di lato 1; basta centrare il compasso in C con apertura CO ed in A con apertura AO, con AO = CO = 1.

Naturalmente siamo nella geometria euclidea, dove esiste il quadrato con quattro angoli retti, anzi l'esistenza di tale quadrato ne è la caratteristica, piuttosto che il quinto postulato.

Ora, lo stesso vertice B viene trovato in quanto dista 1 da OA e da OC, ma non verrebbe trovato lungo la diagonale OB se non esistesse la misura $\sqrt{2}$ che i pitagorici scoprirono non essere razionale. Inoltre, non potrebbe essere tracciato nemmeno il cerchio di centro O e raggio OB, perché il compasso non potrebbe essere utilizzato con un'apertura di misura inesistente.

Al contrario, nel quadrato più piccolo il punto U sulla diagonale verrebbe trovato, dato OU = 1, ma non sarebbe possibile in alcun modo trovare gli altri due vertici lungo OA e lungo OC. Infine, tracciando le parallele, il punto H nel disegno incontrerebbe OA nel suo punto di mezzo, ma non incontrerebbe OC.

Ora, sarebbe assurdo che lo stesso punto B venga trovato lungo i lati del quadrato e non lo si possa ritrovare lungo la diagonale. Quindi i numeri irrazionali, ovvero i numeri reali, per quanto diversi da quelli razionali o frazionari, devono esistere.

Euclide aveva cercato di risolvere il problema nel suo Libro X. Seguendo le intuizioni ed i risultati trovati da Teeteto definiva razionali in potenza le lunghezze dei segmenti tali che il quadrato costruito su di essi avesse misura razionale, estendendo così il concetto di razionale. Tuttavia, dopo aver elencato diversi tipi di irrazionali assegnando un nome a ciascuno di essi, in chiusura del Libro X riconosce che si possono costruire sempre nuovi tipi di lunghezze in potenza, tutte incommensurabili, e che gli irrazionali sono "infiniti di numero". Inoltre Euclide nel Libro X va incontro a diverse incongruenze: vedi alle pagine 54 – 69 del mio "L'insostenibile leggerezza delle Assiomatiche".

Noi godiamo invece dell'aiuto del Calcolo Infinitesimale, che ha permesso gli sviluppi in serie di potenze di Taylor.

Se consideriamo uno di questi sviluppi infiniti:

$$\sin\left(\frac{\pi}{2}\right) = \sum_{n=1}^{\infty} (-1)^n \frac{\left(\frac{\pi}{2}\right)^{2n+1}}{(2n+1)!} = \frac{\pi}{2} - \frac{\pi^3}{2^3 3!} + \frac{\pi^5}{2^5 5!} - \ldots = 1$$

possiamo senza dubbio affermare che se si nega l'esistenza dei numeri reali, in questo caso del numero trascendente π, la si deve di conseguenza negare anche agli interi, in questo caso all'unità. Questo sarebbe assurdo, quindi, ancora una volta, i numeri reali hanno pienamente ragione di esistere. Beninteso, il numero 1 qui è la cifra 1 seguita da infinite cifre decimali tutte pari a zero: le infinite cifre degli infiniti termini dello sviluppo sopra riportato, sommandosi e sottraendosi, devono dare come risultato zero per ciascun decimale del numero reale 1.

In realtà tutti i numeri sono reali ma essi sono classificabili in base a determinate caratteristiche. Ad esempio se possono essere rappresentati come rapporti di interi con un numero finito di cifre, come gli interi ed i razionali, o se sono soluzioni o meno di equazioni algebriche che abbiano coefficienti razionali: i numeri trascendenti, reali o complessi, non lo sono.

Tornando al Teorema di Bolzano-Weierstrass, l'effettiva esistenza del numero reale x quale unico elemento dell'intervallo I = {x} degenere e puntiforme, e che è punto di accumulazione di infiniti razionali, conferma definitivamente valida la dimostrazione.

Come proprietà dei numeri reali, l'essere punto di accumulazione di infiniti razionali significa che sono necessarie infinite cifre decimali per la loro completa rappresentazione, e l'essere puntiforme ci indica che sono infinitamente precisi.

In fisica, anche se le formule matematiche impiegate implicano precisioni maggiori, il numero delle cifre significative è determinato con metodi statistici applicati a misure effettive ripetute. Tale numero non supera l'ordine delle decine in quanto a decimali e viene sempre determinato un intervallo di incertezza. La matematica e la geometria invece sono scienze astratte, legate alla logica piuttosto che alla realtà fisica, e pretendono una precisione infinita.

La rappresentazione decimale del reale x, vedremo meglio più avanti la corrispondenza con le successive suddivisioni degli intervalli I_n, in una base b in cui la parte intera sia i_b, è $i_b,d_1d_2d_3d_4d_5\ldots$ con x che soddisfi la doppia disequazione

$$i_b + \frac{d_1}{b^1} + \frac{d_2}{b^2} + \frac{d_3}{b^3} + \ldots + \frac{d_n}{b^n} \leq x < i_b + \frac{d_1}{b^1} + \frac{d_2}{b^2} + \frac{d_3}{b^3} + \ldots + \frac{d_n}{b^n} + \frac{1}{b^n}$$

ed in base decimale

$$i_{10} + \frac{d_1}{10^1} + \frac{d_2}{10^2} + \frac{d_3}{10^3} + \ldots + \frac{d_n}{10^n} \leq x < i_{10} + \frac{d_1}{10^1} + \frac{d_2}{10^2} + \frac{d_3}{10^3} + \ldots + \frac{d_n}{10^n} + \frac{1}{10^n}$$

dove d_n è un intero tale che $0 \leq d_n < b$ ed n grande quanto si vuole.

Il Teorema di Bolzano-Weierstrass non si esaurisce però con la sua sola dimostrazione, ma ha delle conseguenze immediate.

Come si può vedere facilmente gli estremi dell'intervallo chiuso e limitato $I = [\,a, b\,]$ con misura mis(I) razionale, posto un intervallo di riferimento $I_u = [\,0, u\,]$ con mis(I_u) = u = 1 e l'intervallo $I_a = [\,0, a\,]$ con misura mis(I_a) razionale, come pure tutti gli a_n e b_n ottenuti, rappresentano tutti infiniti numeri razionali con accumulazione in un intorno di x non razionale.

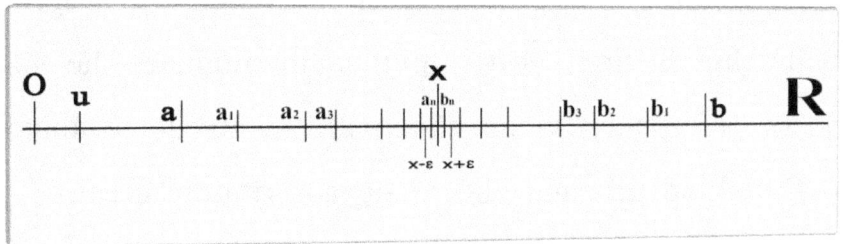

Inoltre, ogni intervallo con misura razionale sopra considerato, come ad esempio [a_2 , a_3], può essere continuamente suddiviso in modo da rappresentare tutti i razionali compresi tra gli estremi dell'intervallo. Ed i razionali sono ordinati secondo la relazione binaria < in un verso e > nel verso opposto.

Allora l'unione degli intervalli] -∞ , a], [a, a_n], [a_n, x [da un lato rappresenta tutti i razionali minori di x, e dall'altro lato l'unione degli intervalli] x , b_n], [b_n b,], [b, +∞ [rappresenta tutti i razionali maggiori di x. Ne segue immediatamente il

> ***Corollario delle sezioni razionali*** al Teorema di Bolzano-Weierstrass: il punto di accumulazione I = {x} è un Taglio di Dedekind che divide in due

Sezioni l'insieme totalmente ordinato dei numeri razionali.

Naturalmente, come con Dedekind, laddove il Taglio delle due Sezioni non individua un numero che sia ancora razionale, viene matematicamente determinato – Dedekind afferma che viene addirittura "creato" – un nuovo numero irrazionale, ovvero reale. E l'insieme dei numeri reali determina la copertura continua di tutti i possibili punti sulla retta numerica e quindi la sua completezza. In altri termini, completando la retta numerica con i numeri reali non è possibile aggiungervi ulteriori punti, nonostante non sia possibile definire il concetto di punto successivo ad un altro, dato che tra due qualsiasi punti distinti ne esistono infiniti. Questo riflette la contraddizione insita nell'intervallo $I = \{x\}$ puntiforme, e non più esteso come tutti gli I_n, ma destinato a contenere infiniti elementi.

Quel che è più interessate qui rilevare è però che il completamento della retta numerica non può più essere dato in via assiomatica, dato che deriva direttamente dal teorema di Bolzano-Weierstrass. Cioè che gli assiomi di Dedekind, essendone un corollario, non possono appunto esser considerati assiomi.

Il teorema di Bolzano-Weierstrass appare più fondamentale del metodo delle sezioni di Dedekind, ed individua persino le contraddizioni implicite nella determinazione dei numeri reali. Se non si dovessero considerare superate tali contraddizioni i numeri irrazionali rimarrebbero privi di effettiva esistenza e le sezioni di Dedekind nei razionali individuerebbero o un ulteriore razionale o l'insieme vuoto. Dedekind non potrebbe nemmeno parlare di numeri reali, né tantomeno "crearli".

Il fervore, o quantomeno il fascino assiomatico fa sì che, una volta stabilito un sistema di assiomi, si tenda a ragionare e dimostrare partendo da essi piuttosto che spingere sempre le indagini a livelli fondamentali.

Ma qual è l'esatto significato dell'assioma delle Sezioni di Dedekind?

Formalmente, dalla definizione originaria:

$$A \cap B = \emptyset$$
$$A \cup B = \mathbb{Q}$$
$$\forall a \in A, \forall b \in B, a < b$$

Allora, si sa già cos'è un numero razionale; e si sa già anche che non è definibile il numero razionale successivo ad un altro, dato che tra due diversi razionali ne esistono infiniti. Quindi una Sezione si può immaginare come una "fessura" infinitamente stretta capace di individuare l'esatta posizione dei numeri, o meglio l'esatto punto di intersezione tra due rette dato che Dedekind usa il termine Schnitt in senso geometrico.

Esistono tre possibilità di cui due speculari: la prima è che la Sezione individui esattamente un razionale $a \in A$ che avrà il valore massimo in A; quindi, dato che non esiste il razionale successivo ad a, B non potrà avere valore minimo e dovrà contenere gli infiniti razionali superiormente prossimi ad a. Nel secondo caso la situazione è invertita:

il razionale individuato è b ∈ B ed avrà il valore minimo in B; dato che non esiste il razionale precedente a b, A non potrà avere valore massimo e dovrà contenere gli infiniti razionali inferiormente prossimi a b. Nel terzo caso la Sezione non individua alcun razionale, né in A né in B, ma non per incapacità bensì, al contrario, per una sovrumana capacità, nonostante i razionali siano infiniti ed infinitamente densi, di scartarli tutti e di individuare, anzi di "creare", un irrazionale di cui il matematico Dedekind evidentemente ha già deciso l'esistenza.

Non appare infatti alcun procedimento costruttivo, non si giunge ad intervalli dalle caratteristiche puntiformi né si considerano intorni: "Quando abbiamo a che fare con una sezione prodotta da un numero non razionale, quindi, ne creiamo uno nuovo, un numero *irrazionale*, che consideriamo come completamente definito da questa sezione..." da *Stetigkeit und irrationale Zahlen*, Section IV.

Assiomi come quello di Dedekind, peraltro più complesso ad esempio del quinto postulato di Euclide che a causa della sua non semplicità si è tentato di dimostrare per secoli, appaiono più conclusivi e di sintesi anziché di reale approfondimento e da porre persino tra le "premesse prime" a tutte le altre dimostrazioni. Anche se non fosse dimostrabile a partire dal teorema di Bolzano-Weiertrass, e lo è, avrei qualche dubbio a porlo tra gli assiomi.

Può anche risultare molto comodo come punto di partenza. Ma non sempre la fiducia è ben riposta.

Non per nulla Bertrand Russell rispose nella sua caratteristica maniera colorita alle affermazioni di Hilbert che vantava il suo metodo assiomatico per la fondazione dell'aritmetica e del sistema dei numeri reali come superiore a quelli che chiamava "genetici", tra cui quello di Peano basato sui suoi famosi 5 assiomi.

Hilbert ha proposto un sistema di 19 assiomi tra cui ha riportato identici quelli per la continuità, assioma di Archimede e di completezza di Dedekind, già utilizzati per assiomatizzare la Geometria.

Russell rispose che il suo sistema assiomatico "presenta gli stessi vantaggi che presenta il furto rispetto al lavoro onesto, dato che assume in un sol colpo ciò che invece può essere costruito da un insieme molto più piccolo di assiomi mediante ragionamenti deduttivi".

Non so se avrebbe detto la stessa cosa riguardo al sistema assiomatico hilbertiano per la geometria.

Premessa

Come noto, i Greci, dopo il trauma subito dai Pitagorici con la scoperta degli incommensurabili, ed un po' disorientati dai paradossi di uno Zenone che manifestava una predilezione per l'unità dell'Essere, rifuggivano in geometria dal concetto d'infinito e da procedimenti non finiti. Euclide aveva provato, nel suo **Libro X**, a domare e classificare le grandezze incommensurabili, senza riuscirci. Solo Archimede (287-212 a.C.), più tardi, usa il metodo per esaustione che può procedere indefinitamente, ad esempio per calcolare con poligoni approssimazioni sempre più precise per π, anche se di fatto procede solo fino alla quarta cifra decimale. Nel problema dei buoi sfida i matematici di Alessandria con un sistema di otto equazioni lineari e due condizioni quadratiche: le soluzioni sono numeri a partire da 206.545 cifre. Nell'*Arenario* si propone anche di quantificare il numero di granelli di sabbia che potrebbero riempire la sfera delle stelle fisse, ed introduce un nuovo sistema numerico, che virtualmente permette di quantificare numeri comunque grandi. Il più grande numero a cui ivi si riferisce esplicitamente è quello che oggi scriviamo come $10^{8 \cdot 10^{16}}$.

Archimede è costretto però a "difendere" la sua matematica troppo anticipatrice rispetto ai matematici greci, e lo fa nel suo *"Metodo"*, andato perduto e trovato da Heiberg nel 1906, poi perduto e ritrovato nel 1998. Archimede si serviva infatti anche di un "metodo meccanico", basato sulla sua statica e sull'idea di dividere le figure in un numero infinito di parti infinitesime. Una volta individuato il risultato voluto, per dimostrarlo formalmente usava quello che poi fu chiamato metodo di esaustione, del quale si hanno molti esempi nelle sue opere. Non disdegna infine difficili problemi geometrici combinatori, come nello *Stomachion* in cui si proponeva di determinare in quanti modi assemblare delle figure che ricoprissero un quadrato. Riguardo al calcolo di π, nel 260 d.C Liu Hui calcola 4 cifre decimali e nel 480 d.C. Tsu Chhung-Chih ottiene 7 cifre decimali con poligoni di 24.576 lati; tale valore rimane insuperato per un millennio, fino al calcolo indiano di Madhava con 11 cifre nel 1400 ed a quello arabo di al-Kashi (Persia) nel 1429 che ottenne ben 16 cifre decimali con poligoni dell'ordine di 2^{28} lati, insuperato fino ai tempi moderni.

Ma da Aristotele fino a Cantor si predilige l'idea, sia in matematica che nell'universo fisico, di un infinito potenziale piuttosto che attuale. Con Cantor si concretizza l'idea di una serie di infiniti attuali, seppur in qualche modo inferiori ad un infinito **assoluto**. Inoltre anche in fisica successivamente si pensa ad uno o molteplici universi infiniti, o perlomeno illimitati. Quindi il concetto di infinito penetra nelle opere artistiche, come nei mirabili disegni di Escher, in quelle letterarie come ne "*il libro di sabbia*" dalle infinite pagine di Jorge Luis Borges, in Franz Kafka e Stanislav Lem, o in rappresentazioni teatrali come *"Infinities"* a regia di Luca Ronconi.

Una sintesi accessibilissima e godibile si trova in *"L'infinito in 10 minuti"* di Giovanni Cialdino, a dimostrazione di quali mezzi mette attualmente a disposizione internet ad un giovane liceale.

Lo studio che presento in questo primo estratto **"FlashMath-1"** indaga in diversi modi sugli infiniti o transfiniti cantoriani, mettendo in evidenza come il suo metodo diagonale non può essere presentato come una dimostrazione "per assurdo", come viene fatto da molti autori. Si può correttamente dimostrare per assurdo qualcosa che non si riesce a dimostrare altrimenti, non qualcosa di ovvio a qualsiasi matematico del tempo che si occupasse ad esempio delle consuete successioni fondamentali di Cauchy. Certamente, pur con i loro infiniti termini, esse non ricoprono lontanamente tutti i reali, anzi tra due qualsiasi termini successivi si trovano infiniti numeri razionali. Propongo invece il metodo prettamente geometrico della suddivisione continua dei segmenti, ad esempio in dieci parti in correlazione con i decimali, con caratteristiche di omogeneità tali da permettere, con un passaggio al limite totale, un "forcing" capace di passare dai razionali con misura di Lebesgue nulla ai reali con misura 1, per l'intervallo unitario.

È come se si avessero infinite successioni fondamentali di Cauchy tutte contemporaneamente convergenti. Con questo passaggio direttamente dai razionali ai reali, senza riscontro di altri tipi di numeri intermedi, mi sembra superata in senso negativo l'Ipotesi del Continuo.

Quindi si esamina l'insieme di Vitali, noto come *"esempio di Vitali"* per uno dei rari casi di insiemi non misurabili secondo Lebesgue.

In genere si addebita all'uso dell'assioma della scelta questo risultato considerato paradossale.

Tuttavia, ad un'analisi più approfondita, riscontro nella costruzione stessa dell'insieme, tramite classi di reali che differiscono per un razionale, qualcosa di paradossale ed incongruente.

Si è condotti di nuovo alla suddivisione continua dei segmenti ed il paradosso dell'insieme che appariva non misurabile svanisce, lasciando modo di pensare che qualcosa di simile avvenga per la ben più complessa costruzione che porta al paradosso di Banach-Tarski della duplicazione della sfera.

Sempre per via di insiemi non misurabili e con addebito all'assioma della scelta.

TRANSFINITI
IPOTESI DEL CONTINUO

Un maggior approfondimento sul continuo e sugli insieme infiniti quali sono i numeri ed i punti sulla retta lo si deve a Georg Cantor (1845-1918).

Cantor, ad esempio, mettendo in corrispondenza biunivoca gli interi con i razionali e con i numeri algebrici ne ha affermato lo stesso grado di infinitezza, detto cardinalità. Invece i numeri reali, quelli che inseriti tra i razionali completano il continuum della retta numerica, non risultano enumerabili e quindi hanno una cardinalità superiore, mostrata tramite il suo "procedimento diagonale", che Cantor stabilisce essere quella dell'insieme di tutti i sottoinsiemi degli interi, detto insieme delle parti. Se $\aleph_0$ è la cardinalità più bassa, quella degli interi che si incontra per prima, allora la cardinalità *c* dei numeri reali, detta del continuum, vale $2^{\aleph_0}$. Però è rimasto irrisolto il problema da lui posto, la cosiddetta **Ipotesi del continuo**, cioè la negazione dell'esistenza di una cardinalità intermedia fra quella degli interi e quella dei reali.

Il "procedimento diagonale", che si svolge ad un livello praticamente accessibile a tutti, ha quindi un'importanza non trascurabile ed è il seguente.

È sufficiente dimostrare la non enumerabilità dei reali compresi tra zero e l'unità $I_u = [\,0\,,\,1\,]$ perché in tal caso a maggior ragione la totalità dei reali non è enumerabile; e comunque il ragionamento si può ripetere per qualsiasi intervallo, non escluso $[\,-\infty,\,+\infty\,]$.

Per assurdo supponiamo che i reali descritti nella forma decimale come $r_i = 0,d_{ij}\ldots = 0,d_{i1}d_{i2}d_{i3}d_{i4}d_{i5}\ldots$

dove d_{ij} è la j-ma cifra dell'i-mo reale r_i, possano essere messi in corrispondenza biunivoca o bigezione con i numeri interi i:

avremmo una successione infinita numerabile come:

$r_1 = 0,\mathbf{\underline{d_{11}}}d_{12}d_{13}d_{14}d_{15}...$

$r_2 = 0,d_{21}\mathbf{\underline{d_{22}}}d_{23}d_{24}d_{25}...$

$r_3 = 0,d_{31}d_{32}\mathbf{\underline{d_{33}}}d_{34}d_{35}...$

$r_4 = 0,d_{41}d_{42}d_{43}\mathbf{\underline{d_{44}}}d_{45}...$

$r_5 = 0,d_{51}d_{52}d_{53}d_{54}\mathbf{\underline{d_{55}}}...$

....

$r_n = 0,d_{n1}d_{n2}d_{n3}d_{n4}d_{n5}...\mathbf{\underline{d_{nn}}}...$

....

Ora, solo riuscendo a scrivere un numero reale dello stesso tipo, e che quindi deve essere compreso nell'intervallo $I_u = [\,0\,,\,1\,]$, ma che è diverso da tutti i reali r_i sopra elencati si può mostrare che tale insieme di numeri reali non è enumerabile.

Questo è riuscito a fare Cantor con il suo metodo diagonale, scrivendo un numero reale

$\mathbf{k} = 0,c_j... = 0,c_1c_2c_3c_4c_5...$ dove $c_j \neq d_{jj}$

in cui la j-ma cifra è diversa da quella corrispondente del j-mo reale tra i reali r_i, procedendo per l'appunto in diagonale nello schema, come evidenziato.

Il reale **k** introvabile tra gli r_i può essere scritto in vari modi, persino sfruttando un generatore di numeri casuali, purché $c_j \neq d_{jj}$. Solo, per evitare ambiguità, tra gli r_i occorre evitare i numeri che finiscono con un 9 periodico sostituendoli con quelli equivalenti che si ottengono sostituendo i 9 con degli 0 ed incrementando di 1 la cifra decimale precedente. Ad esempio sostituendo 0,4499999... con 0,450000...

Così, se si parte da una enumerazione come

$r_1 = 0, \underline{\mathbf{5}} \ 1 \ 0 \ 5 \ 1 \ 1 \ 0 \ ...$

$r_2 = 0, 4 \ \underline{\mathbf{1}} \ 3 \ 2 \ 0 \ 4 \ 3 \ ...$

$r_3 = 0, 8 \ 2 \ \underline{\mathbf{4}} \ 5 \ 0 \ 2 \ 6 \ ...$

$r_4 = 0, 2 \ 3 \ 3 \ \underline{\mathbf{0}} \ 1 \ 2 \ 6 \ ...$

$r_5 = 0, 4 \ 1 \ 0 \ 7 \ \underline{\mathbf{2}} \ 4 \ 6 \ ...$

$r_6 = 0, 9 \ 9 \ 3 \ 7 \ 8 \ \underline{\mathbf{3}} \ 8 \ ...$

$r_7 = 0, 0 \ 1 \ 0 \ 5 \ 1 \ 3 \ \underline{\mathbf{5}} \ ...$

....

ed utilizziamo le due condizioni $c_j = 2$ se $d_{jj} \neq 2$ e $c_j = 3$ se $d_{jj} = 2$, otteniamo k = 0,2222322... ed è facile verificare che tra i primi 7 r_i non si riscontra, come previsto, la sequenza dei 7 decimali 2222322, qualunque sia la combinazione di tutte le altre cifre non disposte sulla diagonale. E così via. Concludiamo dunque con Cantor che il reale **k** differisce da ciascun r_i per almeno una cifra e la bigezione con i numeri naturali non esiste. I reali non sono enumerabili e la loro cardinalità è più grande.

Bene, però si nota anche che la sequenza dei 7 decimali 2222322 può benissimo trovarsi dall'ottavo reale in poi, dove non è stata fatta alcuna sostituzione, e così pure avviene per la sequenza delle prime n cifre di **k** che possono trovarsi dall'(n+1)-mo reale in poi. Ovviamente, s avrà comunque almeno una cifra differente sulla diagonale, ma oltre la (n+1)-ma cifra.

Allora la richiesta che mi sembra legittima è: quanto oltre, in corrispondenza della diagonale, ci si può attendere che necessariamente si è riusciti a scrivere la cifra differente nei decimali di **k** che lo rende diverso da tutti gli infiniti r_i?

In altre parole, scrivendo l'n-ma cifra c_n di **k** esso sarà diverso da tutti gli r_i fino all'n-mo, ma non è garantito che non sia uguale al successivo r_i. Dovrò ancora scrivere almeno una cifra di **k**: fino a quando?

Per avere un riscontro il più attinente possibile alla retta numerica, si può fa ricorso alla geometria.

Non sembra possibile ricavare alcuna indicazione a partire dai singoli punti, che sono gli elementi costitutivi dei segmenti, perché come noto non è possibile definire il concetto di punto successivo dato che tra due qualsiasi punti distinti ne esistono sempre infiniti. Occorrerà quindi pensare ad un metodo coerente che, anziché partire da microscopici punti senza dimensione e da sfuggenti distanze infinitesime, parta da lunghezze macroscopiche e si cali "dall'alto" verso i costituenti ultimi della geometria.

La figura che segue mostra, una volta adottato un segmento come unità di misura per le lunghezze, un procedimento per suddividerlo in un qualsiasi numero di parti uguali, per ottenere i sottomultipli secondo la base numerica in uso, ad esempio nella nostra base decimale, ma anche in base 8, 12, 20, 60.

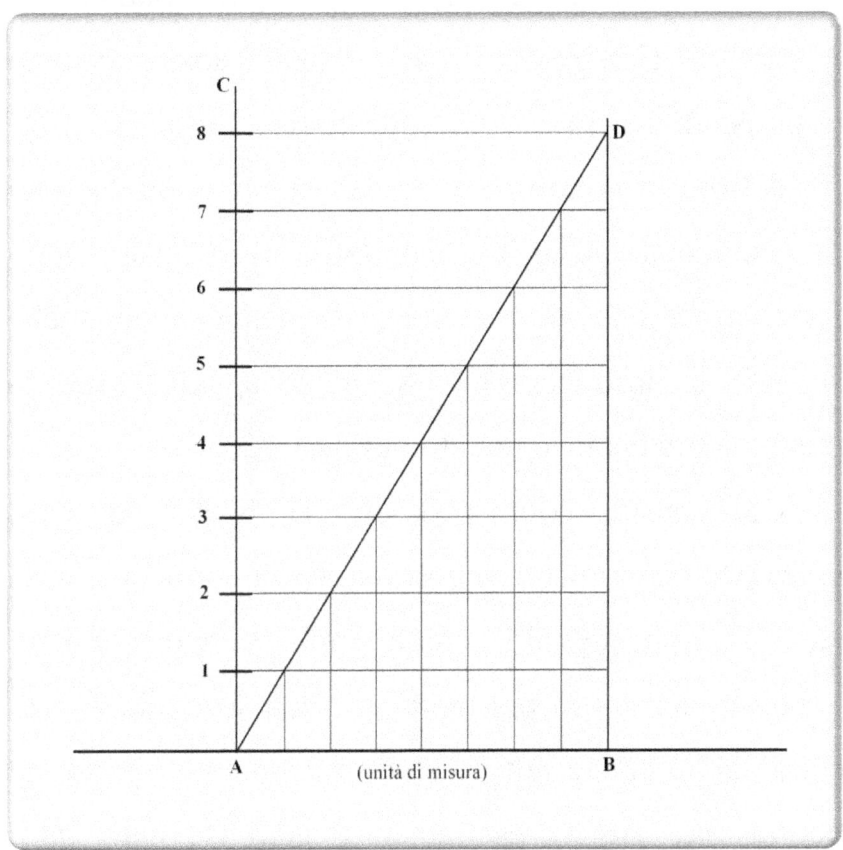

Dato il segmento AB che ci interessa suddividere in parti uguali, sulla perpendicolare AC in A, riportare a partire da A un segmento A1 di lunghezza qualsiasi, e poi riportarlo più volte di seguito, con l'uso del compasso, fino ad ottenere un numero di segmenti consecutivi tutti uguali pari al numero di volte in cui vogliamo suddividere AB.

Quindi dai punti 1, 2, 3, ... conduciamo le parallele al segmento AB, o se si vuole tracciamo le perpendicolari ad AC. Queste linee, tutte parallele tra di loro, incontreranno in altrettanti punti la retta perpendicolare ad AB condotta da B. Considerando i rettangoli che si ottengono, si deduce che anche su BD si riproducono dei segmenti uguali. A questo punto, si traccia il segmento obliquo AD.

Con considerazioni geometriche abbastanza facili, si deduce che tutti i triangoli rettangoli con l'ipotenusa su AD sono uguali, perché simili avendo tutti i tre angoli uguali ed in più uguali i cateti verticali. Allora sono uguali anche tutti i cateti orizzontali, e quindi ne deriva che AB è esattamente suddiviso nelle parti uguali volute.

Naturalmente, ogni sottomultiplo sarà a sua volta suddivisibile, con identico procedimento, in altrettanti sottomultipli e si può procedere fin che si vuole. Sì, fin che si vuole, come con il notissimo procedimento di suddivisione successiva per dimezzamento, chiamato dicotomia. E così come avviene con la dicotomia, con i sottomultipli metrici si giunge a considerare segmenti sempre più piccoli, quasi infinitesimi, fino a sfiorare i punti senza dimensione. Quindi c'è compatibilità con quanto di ottiene con il procedimento dicotomico.

La differenza è che procedendo per sottomultipli, la suddivisione dei segmenti e l'addensamento dei punti che si ottengono sono perfettamente omogenei ed ordinati: i punti si addensano sempre più, ma senza alcuna accumulazione. La struttura metrica che ne risulta è molto equilibrata, e presenta caratteristiche di finitezza e di omogeneità del tutto particolari.

Dal punto di vista moderno si può dire che tutti i punti così individuati, rappresentati da frazioni, costituiscono un campo, dove sono possibili le operazioni elementari di addizione, sottrazione, moltiplicazione e divisione.

Per il momento ci interessa la continua suddivisibilità, ed in particolare per dieci visto che stiamo trattando di cifre decimali.

Ebbene, ad ogni suddivisione si ottengono tutte le dieci cifre, da zero a nove, in una struttura perfettamente ordinata: si ottengono per prime tutte le cifre di d_{ij} per $j = 1$, anzi qui non è di interesse la bigezione con i numeri naturali, per cui basta indicizzare la j-ma cifra decimale scrivendo solo d_j.

Quindi, con qualunque astuto criterio si pensi di scrivere la prima cifra $c_{j=1}$ di **k**, essa verrà trovata.

Alla seconda suddivisione, per ogni differente d_1 avremo tutte le cifre da zero a nove per d_2. E così via:

```
0,|0    0,|00    0,|000    0,|0000  ...  0,|0000000...
|...    |...     |...      |...           |...
|9      |99      |999      |9999          |999999...
```

Così, alla decima suddivisione non potrà sfuggire il mio n° di telefono di 10 cifre, anzi saranno trovati tutti i numeri di telefono dei miei amici.

Ed andando molto oltre, ben oltre le dimensioni delle Unità di Plank, non potrebbe sfuggire l'Amleto di Shakespeare codificato in cifre decimali: due decimali per ogni carattere, spazio o punto e a capo su nuova riga. Nemmeno il Don Chisciotte Illustrato, transcodificando in decimale le figure memorizzate con l'usuale sistema binario.

Penetrando estremamente oltre, troveremmo, senza possibilità di errore, esattamente ben 200 miliardi di cifre, quelle ottenute nel febbraio 2006 calcolando $\sqrt{2}$ mediante il vecchio metodo babilonese. Un po' più in là troveremmo tutti i decimali finora calcolati per π.

Questo significa una sola cosa: è vero che Cantor può prima o poi scrivere la fatidica n-ma cifra di **k** con la condizione diagonale $c_j \neq d_{jj}$ che fa sì che **k** non venga trovato tra i reali r_i in bigezione con i numeri naturali; ma non potrà farlo al finito.

Cioè, potrà farlo solo al limite, per $j \to \infty$.

Anche su questo avrei qualche dubbio; se finché si rimane al finito si trova sempre, al 100%, qualsiasi numero si escogiti di scrivere, passando al limite la possibilità diventa improvvisamente lo 0%? Non è più facile che rimanga il 100%?

E cosa vuol dire precisamente passaggio al limite per $j \to \infty$? Di quale infinito si parla nei passaggi al limite? Probabilmente del più alto possibile, o di "quello appropriato", almeno in generale... ma per raggiungere i numeri reali attraverso i razionali, e quindi la cardinalità del continuum, $\aleph_0$ dovrebbe essere sufficiente.

Infine, anche se Cantor esegue il passaggio al limite per $j \to \infty$ e finalmente riesce a scrivere un reale **k** introvabile tra gli r_i, potrebbe essere troppo tardi: contemporaneamente anche la continua suddivisibilità decimale raggiunge il continuum. Se infatti per un singolo sviluppo di cifre è possibile diventare infinito, lo è anche per molteplici sviluppi che procedono in modo correlato.

Ovvero, se una singola successione fondamentale **s(n)** di Cauchy converge, purché i singoli valori successivi si sviluppino in modo che $|s(n) - s(m)| < \varepsilon$

per ogni ε > 0 se esiste un intero N > 0 tale che essa valga per indici interi qualsiasi n ≥ N, m ≥ N, allora anche un insieme di successioni può convergere allo stesso tempo. Ed i singoli valori **s(n)** possono anche essere tutti razionali, ad esempio in

$$\cos(x) = 1 - \frac{1}{2!}x^2 + \frac{1}{4!}x^4 - \frac{1}{6!}x^6 + ...$$

lo sono persino con un x irrazionale come $x = \sqrt{2}/2$.

Così anche tutti i razionali compresi nell'intervallo I_u = [0 , 1], sempre più vicini tanto da essere "densi", a seguito della continua suddivisibilità decimale possono raggiungere la superiore densità del continuum. Ed il reale **k** che finalmente Cantor riesce a scrivere, e mentre lo sta scrivendo è sempre un razionale, viene trovato esso stesso tra gli ex razionali ora divenuti reali, dato che tutti appartengono allo stesso intervallo.

Se l'argomento diagonale di Cantor rimane comunque, al momento, quantomeno dubbio, molto meno dubbia ed anzi sufficientemente dimostrata, nel senso intuito da Cantor, mi sembra che sia l'Ipotesi del Continuo.

Seguendo la continua suddivisibilità di tutti i razionali compresi nell'intervallo $I_u = [\ 0\ ,\ 1\ ]$, nel passaggio al limite fino a raggiungere la superiore densità del continuum non appare nulla oltre i razionali ed i reali.

Ci si potrebbe anche riferire al Teorema di compattezza, come a pag. 304 e seguenti del mio "L'insostenibile leggerezza delle Assiomatiche".

Allora, per il rasoio di Occam, per ogni cardinale k

se $k \leq |R|$ deve essere $k \leq |N|$ o $k = |R|$

ovvero: $c = \aleph_1$ ***immediatamente successivo a*** $\aleph_0$.

Vediamo adesso di concretizzare i dubbi sopra espressi circa il metodo diagonale escogitato da Cantor, anche per capire se Hermann Weyl avesse qualche ragione parlando degli infiniti cantoriani come di nebbia che ricopre altra nebbia.

Osserviamo subito alcune cose: per poter iniziare a costruire il numero diagonale **k** occorre iniziare a disporre i reali r_i, ma non viene indicato alcun criterio per farlo, forse per indicare che tutti i reali compresi nell'intervallo unitario vengono comunque coinvolti e che non importa l'ordine. Nel procedimento viene implicitamente sottintesa una qualche possibilità che la diagonale possa intercettare tutti i reali, ma come vedremo presto questo di già non risulta vero in nessun caso, ovvero è escluso in partenza: è come se si iniziasse un ragionamento per assurdo con una frase del tipo: "Supponiamo che $2 + 2 = 7$ ... quindi ...".

Chiaramente, è ammissibile supporre come vero per assurdo un qualcosa che è altrimenti impossibile dimostrare che sia falso, se non per le conseguenze contraddittorie che derivano dal supporlo vero. Non è ammissibile supporre vero per assurdo un qualcosa che si sa già esser falso. Riguardo al numero diagonale **k** costruito, è da considerarsi del tutto normale che sia diverso da tutti gli infiniti reali r_i, ben sapendo peraltro che tutti gli r_i, se enumerabili, devono essere ben distinti e quindi tra due qualsiasi di loro si possono inserire infiniti altri differenti reali.

Infine, pur possedendo un ordine totale, non si può cominciare ad elencare ordinatamente i numeri reali, e nemmeno i razionali, perché tra il primo preso in considerazione dopo lo zero e lo zero stesso ve ne sono sempre infiniti. Allo stesso modo, non può essere definito il reale od il razionale successivo ad un altro, perché tra due distinti di essi ne è infiniti.

Ancora, se la diagonale intercettasse tutti i reali anche il numero **k** alla fine verrebbe modificato e verrebbe a mancare, con un effetto quantomeno un po' curioso…

Ma vediamo invece come possa normalmente avvenire che la diagonale non intercetti non solo il nostro numero **k** ma molti altri numeri, e quindi che non sia affatto assurdo costruire un numero differente da tutti quelli utilizzati, costruendo **k**.

Possiamo infatti benissimo scegliere dei numeri r_i che potremmo chiamare "quasi zeri", $z_{n>0} = d_n \cdot 10^{-n}$, costruendoli con tutte le cifre uguali a zero tranne quella corrispondente alla diagonale di Cantor.

Ricordiamo che la corrispondenza con le cifre della diagonale significa che i numeri

$$r_i = 0,d_{ij}\ldots = 0,d_{i1}d_{i2}d_{i3}d_{i4}d_{i5}\ldots$$

dove d_{ij} è la j-ma cifra dell'i-mo reale r_i hanno un ordine preciso; quindi in realtà Cantor li sceglie, e

k $= 0,c_j\ldots = 0,c_1c_2c_3c_4c_5\ldots$ dove $c_j \neq d_{jj}$

significa che ogni c_j di **k** viene a sua volta scelta con un meccanismo tale che risulti diversa dalla corrispondente d_{jj} di r_i.

Bene, ora noi affiniamo la scelta e, con lo stesso meccanismo, scegliamo tra i nostri "quasi zeri" in modo che la $d_{jj} \neq 0$ fa sì che si ottenga sempre lo stesso valore per la cifra decimale c_j di **k**.

Ad esempio, possiamo partire dall'enumerazione

$r_1 = z_1 = 0, \underline{5}\ 0\ 0\ 0\ 0\ 0\ 0\ \ldots$

$r_2 = z_2 = 0, 0\ \underline{1}\ 0\ 0\ 0\ 0\ 0\ \ldots$

$r_3 = z_3 = 0, 0\ 0\ \underline{4}\ 0\ 0\ 0\ 0\ \ldots$

$r_4 = z_4 = 0, 0\ 0\ 0\ \underline{7}\ 0\ 0\ 0\ \ldots$

$r_5 = z_5 = 0, 0\ 0\ 0\ 0\ \underline{9}\ 0\ 0\ \ldots$

$r_6 = z_6 = 0, 0\ 0\ 0\ 0\ 0\ \underline{3}\ 0\ \ldots$

$r_7 = z_7 = 0, 0\ 0\ 0\ 0\ 0\ 0\ \underline{5}\ \ldots$

....

dove $d_{jj} \neq 0$ e $d_{jj} \neq 6$ se $i = j$, $d_{jj} = 0$ se $i \neq j$

ed utilizzando come prima due condizioni

$c_j = 6$ se $d_{jj} \neq 6$ e $c_j = 5$ se $d_{jj} = 6$

otteniamo **k** = 0,6666666... = 6/9 = 2/3.

Ora, tutti gli r_i sono diversi da **k** anche perché non sono periodici, ed inoltre, escludendo il solo r_1, sono tutti compresi tra zero ed un decimo, cioè vale

$0 < r_i < 0,1$ per $i > 1$.

Come visto, il **k** che si ottiene è un normalissimo razionale che si ritrova facilmente essere compreso nell'intervallo unitario e deve essere esterno all'intervallo in cui sono confinati tutti, meno il primo, gli infiniti reali r_i collegati a **k**. Quindi risulta del tutto normale che **k**, oltre che diverso da ogni r_i, sia esterno all'intervallo in cui gli r_i sono confinati.

Ne segue che il meccanismo del ragionamento "per assurdo" del metodo della diagonale di Cantor viene inevitabilmente a cadere.

A completare l'intero ragionamento, possiamo pensare ad un metodo che funzioni inversamente, cioè che cominci dal cantoriano **k** nel generare gli infiniti reali r_i ad esso corrispondenti, e che **k** non abbia alcuna limitazione per le sue cifre; ad esempio ogni cifra può essere qualsiasi tra 0 e 9, e sia creata da un generatore di numeri casuali che generi interi tra 0 e 9. Basta generare il consueto numero casuale, che è normalmente compreso nell'intervallo unitario, moltiplicare per 10 ed estrarne la parte intera.

Per determinare gli infiniti reali r_i si può utilizzare un qualsiasi numero reale generatore **g** come fosse un substrato di cui, ogni volta che si crea il nuovo r_i, mantenere tutte le cifre tranne la j-ma, che corrisponde alla c_j di **k**, con una regola del tipo:

$$d_{ij} = c_j \text{ se } i = j, \quad d_{ij} = g_j \text{ se } i \neq j.$$

Se, ad esempio, come generatore usiamo lo zero, cioè l'intero zero seguito da infiniti decimali tutti nulli, otteniamo nuovamente i nostri "quasi zeri". E di nuovo, a parte il primo, tutti gli $r_{i>1}$ sono compresi nel sub intervallo $0 < r_{i>1} < 0,1$ e **k** può normalmente trovarsi invece nell'intervallo complementare $0,1 < k < 1$, diciamo con una probabilità 9 su 10.

Anzi, a guardar bene, se escludiamo anche r_2, tutti gli altri $r_{i>2}$ sono compresi nel sub intervallo ancora più piccolo $0 < r_{i>2} < 0,01$, e così via. Mentre **k** può normalmente trovarsi nell'intervallo complementare $0,01 < k < 1$, diciamo con una probabilità 99 su 100. E così via.

Se infine usiamo un generatore prettamente reale, come ad esempio **g** = $\pi - 3$ = frac(π), otteniamo, quasi come per una classe di equivalenza nella costruzione dell'insieme di Vitali, infiniti reali "quasi π" che differiscono da $\pi - 3$ per una sola cifra e quindi, per j sempre più grande, per una grandezza piccola quanto si vuole. Si tratta di successioni discrete, quasi disgiunte, di valori razionali o reali che non sono altro che successioni fondamentali di Cauchy e che quindi effettivamente convergono a **g**.

È quindi ovvio che nell'intervallo unitario rimangono infinite possibilità, non numerabili, per valori reali che non appartengono ad una tale successione.

Non bisogna quindi cadere nell'errore di Cantor, assegnando un significato del tutto particolare al suo **k** generato con il metodo diagonale.

Se il metodo diagonale cade, il risultato rimane però identico, solo, anziché seguire un ragionamento per assurdo, segue metodi costruttivi: rimane infatti evidente che enumerando infiniti reali in bigezione con le infinite cifre di cardinalità $\aleph_0$ di un determinato reale **k**, rimane sempre posto per ulteriori infiniti reali diversi da quelli enumerati. D'altra parte, uno dei risultati ottenuti da Cantor è che unendo un'infinità numerabile di insiemi numerabili si ottiene ancora un insieme numerabile, sintetizzando: $\aleph_0 \cdot \aleph_0 = \aleph_0$.

In effetti, il metodo diagonale di Cantor faceva solo da premessa allo straordinario risultato più generale che si può riassumere nel seguente concetto: solo considerando l'insieme delle parti di un insieme infinito, il che corrisponde ad un procedimento di esponenziazione infinita, si può raggiungere un infinito di cardinalità superiore:

$$\text{card } A < \text{card } P(A) = 2^{\text{card } A} = n^{\text{card } A}$$

e questo risultato, che qui non staremo dimostrare, giunge dopo altri risultati fondamentali come card $A \geq \aleph_0$ che caratterizza tutti gli insiemi infiniti, card $\mathbb{N}$ = card $\mathbb{Q}$ = $\aleph_0$, card$(0,1)$ = card $2^N = 2^{\aleph_0}$, dove $(0,1)$ è l'intervallo unitario aperto, ed anche card A^n = card A.

Mentre $\aleph_0 \cdot \aleph_0 = \aleph_0$ corrisponde a card A^2 = card A.

Vediamo alcune corrispondenze.

Per card(0,1) = card $2^N = 2^{\aleph_0}$, si può vedere facilmente come la funzione f(x) = atan(x)/π +1/2 mette in bigezione tutti i valori sull'asse x con tutti i valori dell'intervallo unitario aperto sull'asse y.

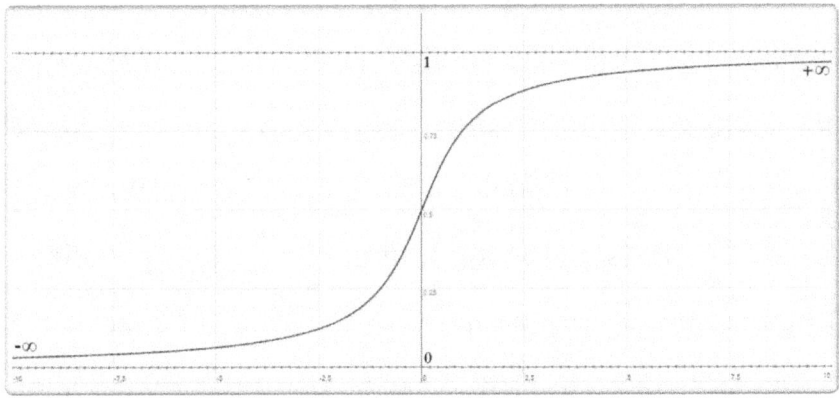

Nel caso dei razionali, cioè i numeri frazionari, questa estensione si può pensare di effettuarla in due modi. Semplicemente estendendo le frazioni proprie, quelle dell'intervallo unitario, a quelle improprie con numeratore maggiore del denominatore, e quindi prendendo anche quelle di segno opposto. Oppure, duplicando i razionali dell'intervallo unitario [0,1) in identici intervalli con estremi gli interi: [1,2), [2,3) ...[n,n+1). Evidentemente otteniamo $\aleph_0$ · card $\mathbb{Q}$ = card $\mathbb{Q}$, ovvero $\aleph_0 \cdot \aleph_0 = \aleph_0$.

Lo stesso procedimento di riproduzione degli intervalli si può indubbiamente effettuare anche con i reali, per cui $\aleph_0 \cdot \text{card } R = \text{card } R$, ovvero $\aleph_0 \cdot \aleph_1 = \aleph_1$, se è $\text{card } R = \aleph_1 = c$ come ritengo.

Ritengo infatti, vedi figure a pag. 139 e a pag. 181, che con la continua suddivisione per 10 si effettui non un passaggio al limite singolo come in una successione fondamentale di Cauchy che converge ad un reale, bensì un passaggio al limite del tutto peculiare, un passaggio al limite totale, un "forcing" che costringe a passare dal discreto denso di tutti i razionali, di misura di Lebesgue nulla al continuo di tutti i reali di misura 1 per l'intervallo [0,1).

Data l'espressione in cifre decimali, numerabile, dei reali, e tutte le possibili combinazioni, si ottiene

$$\aleph_0 = \text{card } Q < \text{card } P(Q) = 10^{\aleph_0} = \text{card } R = \aleph_1 = c$$

Cantor ha mostrato anche, con metodi non standard – non si possono chiamare altrimenti metodi che uniscono gruppi di cifre decimali di un reale con quelli di un altro reale – che vale $\operatorname{card}(0,1)^2 = \operatorname{card}(0,1)$ ovvero $\aleph_1 \cdot \aleph_1 = \aleph_1$, e per estensione

$$\aleph_1^n = \aleph_1, \quad \text{ovvero} \quad c^n = c.$$

Prima di passare oltre, con insiemi delle parti a catena, è opportuno approfondire il concetto di misura che si applica su parti della retta reale e per estensione sui volumi di spazi a più dimensioni.

Se ci si riferisce solo ad intervalli continui, semplificando molto si può far coincidere la misura con la differenza tra gli estremi degli intervalli, ovvero con la differenza tra i valori dei reali che rappresentano tali estremi, tenendo conto che le misure sono additive.

Nel caso più generale in cui si contemplano anche insiemi discreti di punti, persino infiniti e densi come i razionali, con punti di accumulazione o meno, si definisce con tecniche tipiche della teoria degli insiemi – qui detti insiemi di Lebesgue – una funzione finita positiva di misura m su di una σ-algebra, cioè che sia additiva, ed invariante per traslazione. Per gli insiemi lineari continui l'integrale numerico di Riemann che ne esprime la misura, coincide col più sofisticato integrale di Lebesgue. La misura di Lebesgue è anche σ-finita in quanto tutto lo spazio può essere ricoperto dall'unione numerabile di intervalli finiti; ad esempio gli intervalli unitari [1,2), [2,3) ...[n,n+1) ricoprono tutta la retta reale.

E naturalmente esistono gli insiemi non vuoti di misura nulla, come gli insiemi numerabili la cui dimensione sia più piccola dello spazio che si misura: ad esempio linee o superfici quando si misura un volume tridimensionale.

A parte rare eccezioni come l'insieme-paradosso di Vitali od il paradosso di Banach-Tarski della duplicazione della sfera unitaria aperta, non si conoscono esempi di sottoinsiemi non Lebesgue-misurabili; e dato che in entrambi i casi si fa uso dell'assioma della scelta, se ne addossa ad esso la responsabilità. Da notare che si tende a considerarli paradossi e non vere e proprie antinomie, che inficerebbero l'intero sistema dell'aritmetica, proprio perché l'assioma della scelta ne è indipendente, come dimostrato da Gödel nel 1940.

Ma vediamo, con il più semplice insieme di Vitali, che si ritiene non misurabile, come stanno realmente le cose.

Per costruire tale insieme, nell'intervallo unitario [0,1), si inizia considerando una speciale "relazione di equivalenza", che stabilisce come equivalenti due reali la cui differenza è un razionale. Dato che i razionali sono numerabili, ognuno di questi sottoinsiemi individuati come classi di equivalenza disgiunte è numerabile, per cui il loro numero totale deve essere un'infinità non numerabile, altrimenti lo stesso intervallo [0,1) sarebbe numerabile in quanto unione numerabile di numerabili.

Ora, applicando l'assioma della scelta, si definisce l'insieme di Vitali che consiste di un singolo elemento per ogni classe di equivalenza, cioè di un unico razionale e di un'infinità non numerabile di reali tali che la loro differenza non è un razionale.

Bene, traslando tale insieme di un qualsiasi razionale dell'intervallo [0,1) si ottiene un'infinità numerabile di copie di tale insieme tutte disgiunte, in quanto nessun loro elemento potrà coincidere con nessun altro elemento, e tali copie spazieranno al più all'interno dell'intervallo limitato [−1, 2). Inoltre, tutti i numeri dell'intervallo [0,1) coincideranno con almeno un numero di una di queste copie traslate, per cui la dimensione complessiva di tali copie dovrà essere almeno 1.

Però le misure tutte uguali di tali copie saranno nulle, o finite. Ma se sono nulle, la loro somma sarà nulla e se sono finite la loro somma sarà infinita. Escluso il secondo caso, perché tutto spazia al più nell'intervallo [−1, 2) di misura 3, allora tutte le misure devono essere nulle. In ogni caso saltano le condizioni di misurabilità: positività e finitezza, dette anche non banalità, ed additività. Per cui l'insieme di Vitali rimane non-misurabile.

Non sembrerebbe un argomento difficile, ma secondo me non vengono considerate alcune cose. Ed anzitutto, anziché puntare il dito sull'assioma della scelta, che invero cela piuttosto una funzione di esclusione: scegliendo un elemento si escludono tutti gli altri, esaminerei più adeguatamente la consistenza ed eventuale contraddittorietà dell'insieme di Vitale.

Cosa significa propriamente che un reale sia equivalente ad un altro se ne differisce per un razionale?

Consideriamo per semplicità solo razionali non periodici, cioè con un numero finito **n** di cifre significative. I due reali, sottraendo il minore dal maggiore per evitare problemi di segno, differirebbero solo per le prime **n** cifre. Ma il razionale può essere qualsiasi, quindi con un numero di cifre grande quanto si vuole. Questo ci costringe ad un procedimento al limite che ci porta a concludere che i due reali potranno differire per cifre non al finito, proprio là dove un razionale diviene un reale, ovvero ne diventa indistinguibile.

Vediamo ora la questione in un altro modo.
Se consideriamo i nostri già visti razionali "quasi zeri" $z_{n>0} = d_n \cdot 10^{-n}$, che hanno una sola cifra decimale significativa, due reali possono differire per un

razionale e per una sola cifra. Si pensi a π e ad un numero "quasi π" che ne differisca soltanto per la millesima cifra: non avrà le stesse espressioni chiuse, anzi forse non ne avrà nessuna, ma è un numero reale aperiodico con infinite cifre a tutti gli effetti.

Inoltre l'operazione "differenza per razionale" è transitiva: dopo due operazioni i due reali devono differire per la somma dei due razionali che producono le due differenze. Questo ci porta alla seguente considerazione: con una successione "ad hoc" infinita ma numerabile, e quindi controllabile, di addizioni o sottrazioni di "quasi zeri" si può trasformare un dato reale in un qualsiasi altro differente reale. Si noti la correlazione "ad hoc", controllabile, cardinalità $\aleph_0$, contrapposta alla correlazione "casuale", assenza di successivo, cardinalità $10^{\aleph_0} = \text{card } \mathbb{R} = \aleph_1 = c$.

Ad essere paradossale, allora, non è l'applicazione dell'assioma della scelta, ma lo sono le stesse classi di equivalenza disgiunte, dato che una serie numerabile di differenze fa sì che due reali appartenenti a due classi differenti alla fine dovrebbero appartenere ad una stessa classe. In altre parole, il concetto stesso di differenza per un razionale costringe ad un passaggio al limite, con il risultato che in realtà si ha una sola ed unica classe, ed al limite essa comprende anche i razionali.

Allora, con l'assioma della scelta non si può che optare, eliminando tutti gli altri, per un solo, unico numero. E, similmente alle duplicazioni-traslazioni dell'insieme di Vitali, con tale unico numero si può cercare di coprire l'intero intervallo unitario. Naturalmente non sono sufficienti le sole duplicazioni-traslazioni per numeri razionali.

Ritengo un ottimo modo per farlo, evitando duplicazioni o sovrapposizioni, quello della continua suddivisibilità per 10 dell'intervallo [0,1) che, come già detto, realizza un passaggio al limite totale, un "forcing" che costringe a passare dal discreto denso di tutti i razionali, di misura di Lebesgue nulla, al continuo di tutti i reali, di misura definita di valore 1 per l'intervallo [0,1).

In questo modo, almeno per i sottoinsiemi continui, e non si conoscono esempi al di fuori di essi, scompaiono i sottoinsiemi non misurabili e di dimensione tendente a zero ma non zero, come avveniva per gli "evanescenti" infinitesimi di newtoniana memoria.

La misura è qualcosa di sintetico, che procede per suddivisione dall'alto, dato che non esiste il punto successivo ad un altro. Lo fa partendo dall'unità di misura scelta, e per i sottoinsiemi continui la misura secondo Lebesgue può coincidere, come effettivamente coincide, con l'integrazione numerica di Riemann che consiste appunto in un'operazione di infinita suddivisione e ricomposizione, secondo i metodi del calcolo infinitesimale ed integrale.

Per quanto riguarda il paradosso di Banach-Tarski, che evoca anch'esso sottoinsiemi non misurabili, ed ugualmente se ne addossa la responsabilità all'assioma della scelta-soppressione, esso agisce in un più complesso ambito $\mathbb{R}^3$, costruendo insiemi frattali, con proprietà di duplicazione, di rototraslazioni "liberamente generate" da un "gruppo libero su due rotazioni di angoli θ e φ ". Conservando tale proprietà di duplicazione, si effettua una proiezione sulla superficie S^2 della sfera unitaria su cui si possono definire delle "orbite" che risultano essere partizioni della superficie S^2, e che la ricoprono interamente. Con la selezione-soppressione operata sempre con l'assioma della scelta si trovano "sezioni" che, derivando il tutto da gruppi liberi di rotazioni, risultano disgiunti ed in più, per la proprietà di duplicazione frattale, costituiscono complessivamente due copie identiche di S^2.

Infine, proiettando tali superfici fino al centro ed assorbendo la molteplicità del centro stesso in quanto ricoperto più volte, si ricopre due volte lo stesso volume della sfera unitaria, cosa che si evidenzia traslando "fuori" una delle due parti identiche.

Non ho sufficiente competenza a questi livelli, né, al momento, tempo per acquisirla. E certamente approfondire l'argomento travalicherebbe il livello elementare-divulgativo dei miei scritti. Ma non posso negare la sensazione che, come emerso per l'insieme di Vitali, possa essere sfuggito un qualche passaggio al limite, un qualche procedimento di integrazione che, come supera il Teorema di Dehn sulla non equiscindibilità tra un tetraedro ed un cubo dello stesso volume, possa superare il paradosso di due, e quindi anche infiniti, volumi identici e disgiunti che occupano inestricabilmente lo stesso spazio limitato.

Tornando ai transfiniti, Cantor indica non esserci limiti in quanto a cardinalità sempre più alte, dato che per ogni insieme, per quanto grande, se ne può prendere in considerazione l'insieme delle parti.

Cosa significa però per i numeri reali e per la retta geometrica? Abbiamo, mi sembra, sufficientemente appurato che non esiste altro tra i razionali ed i reali, e che la densità del continuo è quindi card $\mathbb{R} = \aleph_1 = c$. Ma possono esistere punti più densi del continuo? E quindi con una cardinalità superiore ad $\aleph_1$?

Consideriamo ad esempio, gli intervalli unitari $[1,2)$, $[2,3)$ ...$[n,n+1)$ che ricoprono tutta la retta reale e per cui la misura di Lebesgue è detta σ-finita.

Su ciascuno degli intervalli unitari esistono i reali di densità $\aleph_1$, ma ai nostri fini possono esser sufficienti le infinite collezioni di reali o razionali di densità $\aleph_0$, che ad esempio potrebbero essere i "quasi π" generati g = $\pi - 3$ = frac(π), e quindi traslati in ciascun intervallo unitario, o infinite altre collezioni simili.

Tali collezioni sono tutte disgiunte, e possiamo considerare ancora l'assioma della scelta, sicuri anche di non andare incontro a sorprese, non utilizzando nessuna particolare classificazione e per la semplicità di tali collezioni. Ma stavolta non utilizziamo l'assioma della scelta per "sopprimere" i numeri non scelti, qualunque sia il criterio, bensì per valutare il numero delle differenti possibilità di scelta.

Ebbene, si ottengono numeri esorbitanti, trattandosi di combinazioni dell'ordine di $\aleph_0^{\aleph_0}$. Anzi, se si considera che in ogni intervallo unitario, e persino in ogni suo sottointervallo continuo, di tali collezioni disgiunte ne devono essere un'infinità non numerabile, altrimenti in quanto infinità complessivamente numerabile somma di numerabili, non si potrebbe ricoprire l'intervallo stesso, allora le combinazioni possono essere dell'ordine di $\aleph_1^{\aleph_1}$.

Ma cosa sono questi numeri?

Ebbene, si può affermare che l'assioma di scelta, anche quando non è propriamente utilizzato per eliminare gli elementi non scelti, nulla crea in termini di entità matematiche che in tutta evidenza esistevano anche prima. Quelle che al più si creano, se contemporaneamente si utilizzano determinati criteri per le scelte, sono delle relazioni. I "nuovi insiemi" creati tramite l'assioma non possono infatti che contenere "vecchi elementi" e tali insiemi, se hanno un senso, devono esprimere la relazione che lega o collega i loro elementi.

Ad esempio tali relazioni possono essere funzioni che collegano tra loro valori numerici, o qualcosa di ancor più complesso: come varietà, funzionali che collegano anche a più livelli le funzioni tra loro, ed a condizioni al contorno, come nei sistemi di equazioni differenziali.

In definitiva, l'esistenza di transfiniti di cardinalità sempre più alta, a partire dai numeri esorbitanti di Hausdorff fino ai Grandi Cardinali, inaccessibili ed iperinaccessibili, e fino ad un modello mostruoso di cardinalità irragionevolmente grande che ha funzione di universo in cui poter immergere tutte le strutture da prendere in considerazione, non significa quindi necessariamente che si tratti di enti numerici riferibili alla retta numerica. E con questo, non che il continuo non sia già estremamente ricco; si pensi che una sua porzione anche piccola è equivalente ad $\mathbb{R}^n$, come già visto: $\aleph_1^n = \aleph_1$, ovvero $c^n = c$.

Cioè, un tratto lineare è equivalente ad un volume multidimensionale.

Questo lo si riscontra, ad esempio, anche con la curva di Peano, nelle sue varianti; cioè una linea frattale monodimensionale che riesce a ricoprire uno spazio di dimensione maggiore, a partire da una porzione di piano bidimensionale.

INTERI ESTESI

Come noto, l'espressione decimale di un numero razionale è $q = \Sigma_{n=1 \to n=k}\ d_n \cdot 10^{-n}$ mentre per un numero reale si ha $r = \Sigma_{n=1 \to n=\infty}\ d_n \cdot 10^{-n}$, dove d_n è l'ennesima cifra decimale compresa tra 0 e 9.

Naturalmente, si ha un numero razionale se nella seconda espressione le cifre da un certo valore di **n** in poi sono tutte uguali o si ripetono a gruppi, ad esempio tutte nulle per un razionale con espressione finita come 15,37 oppure tutte uguali ad una cifra o ad una sequenza di cifre, ovvero con espressione infinita ma periodica come in 1/9 od in 11/18.

Ed inoltre, tutti i numeri si potrebbero anche intendere come reali, esplicitando gli zeri nelle espressioni finite, se si intende sempre esprimere una "precisione" infinita.

Ma cosa succede se ... togliamo la virgola?

Ebbene, un numero come 15,37 diventa 1.537, cioè viene moltiplicato per 100. Ma un numero reale, ad esempio π, diventa improvvisamente enorme, direi infinito; è come se venisse moltiplicato per $\aleph_0$.

Avremmo 31415926535897932384626433832795... cioè numeri interi infiniti, dei superinteri con infinite cifre come ...69314718055994530941723212145818... dato che potrebbero essere indefinitamente estesi in entrambe le direzioni, non solo a destra.

Tali numeri sarebbero dati da $s = \Sigma_{n=1 \to n=\infty} \, d_n \cdot 10^{+n}$, oppure da $s = \Sigma_{n=-\infty \to n=+\infty} \, d_n \cdot 10^{+n}$, successioni in tutta evidenza divergenti e potrebbero essere chiamati "interi estesi".

Essi sarebbero inesprimibili; infatti, oltre che la convenzione della base decimale esiste anche la convenzione del raggruppamento a tre cifre – unità, decine, centinaia – che diventa inapplicabile. Ma se si ammette l'esistenza, non solo in potenza, dei numeri reali dalle infinite cifre, non potrebbero esistere questi interi estesi? D'altra parte, dove cominciare a trovare numeri come $\aleph_1^{\aleph_1}$, numeri esorbitanti, Cardinali inaccessibili, debolmente accessibili, e simili?

Ho già espresso il parere che dovrebbe trattarsi di numeri di interrelazioni, piuttosto che di numeri veri e propri; per intenderci, i numeri reali, che possono esser messi in corrispondenza con i punti della retta numerica. Rimarrebbe il debole appiglio dei punti impropri…

Bene, rimanendo allora nelle pure ipotesi, se esistessero, quanti sarebbero questi interi estesi?

Si potrebbe affermare che comprendono gli interi, basta aggiungere ad ogni intero infiniti zeri non significativi a sinistra. Rispetto ai razionali ed ai reali, possono esser messi in corrispondenza, ma non è una bigezione: numeri come 15,37... 1,537... 153,7... corrispondono allo stesso intero esteso. In realtà ad ogni intero esteso corrispondono $\aleph_0$ differenti reali, basta inserire la virgola in una posizione qualsiasi.

Ma se sono più degli interi e meno dei reali, potrebbero essere tanti quanti i razionali, e quindi comunque di cardinalità $\aleph_0$?

A questo punto si può pensare di ricorrere al metodo diagonale di Cantor. E questa volta si tratta di applicarlo propriamente, visto che altrimenti sembra che non abbiamo modo di trovare una soluzione. Nell'applicazione originale la soluzione era invece ben nota prima, ed il metodo quindi ne risultava del tutto banalizzato.

Allora, senza proporci alcun ordine e, nel caso i numeri in questione siano infinitamente estesi anche a sinistra, senza una cifra iniziale prefissata, possiamo comunque pensare di "scriverli" uno dopo l'altro:

$s_1 = \ldots \underline{5}\,1\,0\,5\,1\,1\,0 \ldots$

$s_2 = \ldots 4\,\underline{1}\,3\,2\,0\,4\,3 \ldots$

$s_3 = \ldots 8\,2\,\underline{4}\,5\,0\,2\,6 \ldots$

$s_4 = \ldots 2\,3\,3\,\underline{0}\,1\,2\,6 \ldots$

$s_5 = \ldots 4\,1\,0\,7\,\underline{2}\,4\,6 \ldots$

$s_6 = \ldots 9\,9\,3\,7\,8\,\underline{3}\,8 \ldots$

$s_7 = \ldots 0\,1\,0\,5\,1\,3\,\underline{5} \ldots$

....

E quindi, come ormai sappiamo sicuramente fare, possiamo scrivere un numero diagonale diverso da tutti quelli infinitamente elencabili, e stavolta si tratta di un "nuovo" intero esteso.

Ricaviamo, perciò, che l'insieme di questi superinteri S è più grande degli interi e dei razionali $\mathbb{Q}$, dato che la loro quantità non è numerabile.

Eppure, sono meno dei reali $\mathbb{R}$, e non possono esser messi in bigezione con i reali se non in rapporto uno ad $\aleph_0$.

Tuttavia questi numeri di cardinalità intermedia tra i razionali ed i reali non riguardano l'Ipotesi del Continuo di Cantor, che considero risolta, come già mostrato, in modo negativo. L'Ipotesi del Continuo riguarda infatti i numeri sulla retta reale, dei numeri finiti, e non questi numeri transfiniti che, se esistono, al più possono corrispondere ai punti impropri sulla retta. Quindi numeri "altri" ed "oltre".

RAGGIUNGERE IL CONTINUO

Più volte sono giunto alla conclusione per cui l'Ipotesi del Continuo mi risulta confermata in senso negativo, cioè nel senso che non esistono numeri od insiemi di punti disposti sulla retta numerica con cardinalità intermedia tra quella degli Interi Naturali $\mathbb{N}$ e dei Razionali $\mathbb{Q}$, che Cantor ha dimostrato essere la stessa, e quella dei numeri Reali $\mathbb{R}$.

Quel che Cantor ha infatti strenuamente cercato di dimostrare senza riuscirci con i suoi metodi è quella che viene chiamata 'Ipotesi del Continuo' ed è volta a dimostrare l'inesistenza di tipi di numeri od insiemi di punti sulla retta numerica che abbiano cardinalità intermedia tra quella dell'infinito più semplice $\aleph_0$, e quella corrispondente alla 'densità del continuum' dei numeri reali e dei punti disposti con continuità sulla retta numerica, detta cardinalità del continuo c; ovvero, per ipotesi:

$$\aleph_0 = \text{card } \mathbb{Q} < \text{card } P(\mathbb{Q}) = 10^{\aleph_0} = \text{card } \mathbb{R} = \aleph_1 = c$$

dove $\aleph_1 = c$ esprime sinteticamente l'assunto.

Naturalmente, in mancanza di una dimostrazione, può sempre essere vero il contrario e buoni candidati potrebbero essere numeri come i numeri iperreali proposti nel 1966 da Abraham Robinson (1918 - 1974) con la sua Analisi Non Standard, o dei numeri cosiddetti surreali di John Horton Conway che contemplano anche numeri "infinitesimi". In questo breve capitolo cerco di ben approfondire l'argomento per esser maggiormente certo delle mie conclusioni.

Per far questo, come suggerito in altri punti, propongo di concentrare l'attenzione sulla rigorosa suddivisione geometrica dei segmenti estesi, naturalmente con una lunghezza finita, ed in particolare sulla suddivisione, indefinitamente ripetibile, in dieci parti uguali.

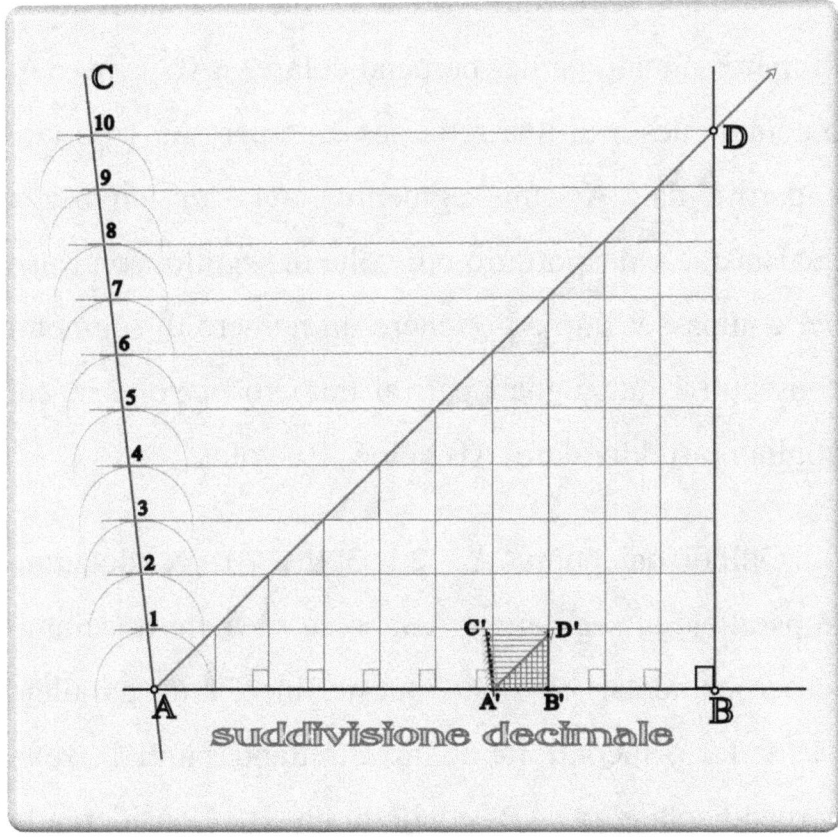

La figura sopra mostra, una volta adottato un segmento AB che potrebbe anche essere l'unità di misura per le lunghezze, un procedimento per suddividerlo in un qualsiasi numero di parti uguali, per ottenere i sottomultipli secondo la base numerica in uso, ad esempio nella nostra base decimale, ma anche in base 8, 12, 20, 60.

Dato tale segmento AB che ci interessa suddividere in parti uguali, sulla perpendicolare AC in A, o comunque su di una retta passante per A, riportare a partire da A un segmento A1 di lunghezza qualsiasi, e poi riportarlo più volte di seguito, con l'uso del compasso, fino ad ottenere un numero di segmenti consecutivi tutti uguali pari al numero di volte in cui vogliamo suddividere AB, cioè 10 volte.

Quindi dai punti 1, 2, 3, ... 10 conduciamo le parallele al segmento AB, o se si vuole tracciamo le perpendicolari a BD. Queste linee, tutte parallele tra di loro, incontreranno in altrettanti punti la retta perpendicolare ad AB condotta da B. Considerando i trapezi retti che si ottengono, si deduce che anche su BD si riproducono dei segmenti uguali. A questo punto, si traccia il segmento obliquo AD.

Con considerazioni geometriche abbastanza facili, si deduce che tutti i triangoli rettangoli con l'ipotenusa su AD sono uguali, perché simili avendo tutti i tre angoli uguali ed in più uguali i cateti verticali. Allora sono uguali anche tutti i cateti orizzontali, e quindi ne deriva che AB è esattamente suddiviso nelle parti uguali volute, in questo caso in 10 parti uguali.

Naturalmente, ogni sottomultiplo, come in figura A'B' = AB/10, sarà a sua volta suddivisibile, con identico procedimento, in altrettanti sottomultipli e si può procedere fin che si vuole, come con il notissimo antico procedimento di suddivisione successiva per dimezzamento, chiamato dicotomia. E così come avviene con la dicotomia, con i sottomultipli metrici si giunge a considerare segmenti sempre più piccoli, quasi infinitesimi, fino a sfiorare i punti senza dimensione. Quindi c'è compatibilità con quanto si ottiene con il procedimento dicotomico.

La differenza è che procedendo per sottomultipli, la suddivisione dei segmenti e l'addensamento dei punti che si ottengono sono perfettamente omogenei ed ordinati: i punti si addensano sempre più, ma senza alcuna accumulazione. La struttura metrica che ne risulta è molto equilibrata, e presenta caratteristiche di finitezza e di omogeneità del tutto particolari.

Dal punto di vista moderno si può dire che tutti i punti così individuati, rappresentati da frazioni, costituiscono un campo, dove sono possibili le operazioni elementari di addizione, sottrazione, moltiplicazione e divisione.

Bene, ma i punti senza dimensione vengono 'sfiorati' oppure in qualche modo vengono raggiunti?

Consideriamo allora che ciascuno dei nuovi sottointervalli che di volta in volta si determinano tramite il rigoroso procedimento geometrico suesposto è destinato a contenere infiniti sottointervalli, o se si vuole a contenere infiniti punti. Quindi, per il teorema di Bolzano-Weierstrass in ciascuno di tali intervalli limitati esiste almeno un punto di accumulazione.

Il che significa: punti di accumulazione ovunque.

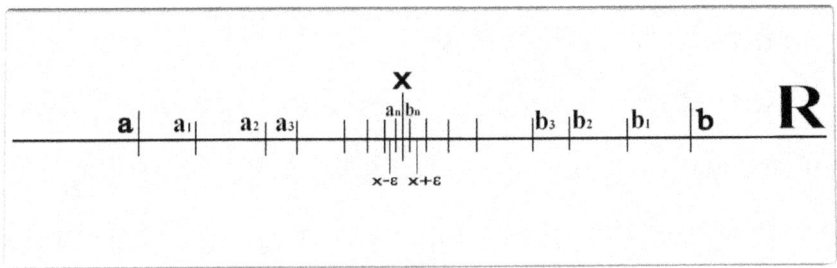

Quel che possiamo chiederci è se questo significa solo che i numeri razionali sono 'densi', oppure se con questo procedimento vengono raggiunti i reali. Ovvero, se suddividendo continuamente gli intervalli alla fine si effettua un passaggio al limite, un 'forcing' per cui vengono finalmente raggiunti i singoli punti sulla retta.

Effettivamente è così, il nostro ennesimo intervallo $I_n = [\ a_n,\ b_n\ ]$, dove **n** è la 'profondità' della suddivisione decimale, può essere ovunque sul segmento limitato AB, e tutti gli intervalli avranno infine anche le caratteristiche di intervalli puntiformi:

$$\lim_{n\to\infty} I_n = \lim_{n\to\infty} [\ a_n, b_n\ ] = I_x = \{x\}$$

dove $\{x\}$ è un insieme contenente un unico, singolo elemento, ovvero un singolo punto o 'intervallo puntiforme', e cioè inesteso.

Se infatti il nostro intervallo alla fine fosse un intervallo esteso $I = [\,x\,,\,y\,]$ ed $x < y$, $y - x = k$, dato che esso deve essere incluso in ogni I_n, non potrà esserlo perché avremo sempre un $I_n < k$. Quindi, dato che gli I_n si dividono continuamente per dieci, abbiamo infatti

$$b_n - a_n = \frac{b-a}{10^n}$$

e

$$\lim_{n \to \infty}(b_n - a_n) =$$

$$= \lim_{n \to \infty}\left(\frac{b-a}{10^n}\right) = 0 < k$$

Infine, l'intervallo puntiforme $I_x = \{x\}$ è un punto di accumulazione in $AB = [\,a,\,b\,]$ proprio perché ogni I_n deve contenere infiniti elementi mentre cade dentro un intorno qualsiasi di I_x.

Sempre mentre gli I_n si dividono continuamente per dieci, per un intorno

$$I(x; \varepsilon) = \,] \, x - \varepsilon; \, x + \varepsilon \, [$$

basterà che per le lunghezze sia

$$\text{mis}(I_n) = b_n - a_n = (b-a)/10^n < 2\epsilon, \quad (b-a)/\varepsilon < 2 \cdot 10^n$$

e questo si ottiene scegliendo un n tale che sia

$$n > \log_{10}\left(\frac{b-a}{2\varepsilon}\right)$$

Gli intervalli del tipo $I = \{x\}$ vengono detti **degeneri**, in quanto puntiformi, e non più estesi come tutti gli I_n.

Questo potrebbe già bastare, ma proseguendo si riscontrano ulteriori coerenze.

Ad ogni suddivisione si ottengono tutte le dieci cifre, da zero a nove, in una struttura perfettamente ordinata, a qualsiasi profondità: si ottengono per prime tutte le possibili cifre di d_n per $n = 1$, per un qualsiasi reale $r = \Sigma_{n=1 \to n=\infty} \, d_n \cdot 10^{-n}$, mentre alla seconda suddivisione, per ogni differente $d_{n=1}$ avremo tutte le cifre da zero a nove per $d_{n=2}$. E così via:

```
0,|0     0,|00    0,|000    0,|0000  ...  0,|000000...
|...     |...     |...      |...          |...
|9       |99      |999      |9999         |999999...
```

se ci limitiamo all'intervallo $[\, 0, 1\, [$ per cui l'i-mo reale si scriverà

$$r_i = 0,d_{ij}\ldots = 0,d_{i1}d_{i2}d_{i3}d_{i4}d_{i5}\ldots$$

dove d_{ij} sarà la j-ma cifra decimale dell'i-mo reale r_i tra tutti i possibili reali nell'intervallo.

La corrispondenza tra le successive cifre decimali e le successive profondità delle suddivisioni è biunivoca e copre la totalità delle possibilità: ad ogni possibile successione di suddivisioni corrisponde un reale e ad ogni reale corrisponde l'ultimo intervallo di una successione di suddivisioni decimali, quello che diviene puntiforme ed inesteso.

Infine, possono rientrare in quest'ordine di cose anche le successioni fondamentali **s(n)** di Cauchy. Infatti esse convergono, purché i singoli valori successivi si sviluppino in modo che valga $|s(n) - s(m)| < \varepsilon$ se per ogni $\varepsilon > 0$ per quanto piccolo esiste un intero $N > 0$ tale che la disuguaglianza sia verificata per indici interi qualsiasi $n \geq N$, $m \geq N$.

I termini s(n) ed s(m), nelle espressioni decimali, corrispondono ai reali troncati a razionali alle rispettive profondità n ed m; ad esempio:

$$s(18) = 0{,}352795543796228107 \quad -$$
$$s(14) = 0{,}35279554379622 \quad =$$
$$|s(n) - s(m)| = 0{,}000000000000008107$$
$$|s(n) - s(m)| = 8107 * 10^{-18} = 0{,}8107 * 10^{-14} < 1 * 10^{-14}$$

Quindi se N è il più piccolo tra n ed m, basta che sia:

$$N > \log_{10}(1/\varepsilon) = -\log_{10}\varepsilon.$$

Ovviamente per ogni ε, per quanto piccolo, sarà possibile determinare un N finito, per quanto grande.

Tutto questo significa che qualsiasi espressione decimale con un numero infinito di cifre non è che una successione convergente di Cauchy, e, nel contempo, la successione di suddivisioni decimali conduce ad un intervallo puntiforme ed inesteso.

Inoltre, per la corrispondenza biunivoca tra ogni possibile reale ed ogni possibile ed inarrestabile successione di suddivisioni decimali, tutti i punti sulla retta numerica vengono raggiunti: non ne esiste nessuno che non sia, necessariamente, rappresentato da una successine di decimali e quindi da un numero reale, così come definito da una successione fondamentale di Cauchy.

Così come con un passaggio al limite una successione di Cauchy determina un numero reale, una successione di suddivisioni decimali, che per n finito raggiunge 10^n differenti razionali, con un passaggio al limite esponenziale, un 'forcing', permette di raggiungere il continuo ed i reali, il cui numero è dell'ordine dell'insieme delle parti e cioè appunto dell'ordine di $\lim_{n\to\infty} 10^n = 10^{\aleph_0}$.

L'ipotesi del Continuo, come formulata e come ha tentato di dimostrare Georg Cantor è ora ***dimostrata***: con la continua successione di suddivisioni decimali si passa infine direttamente dagli enumerabili razionali alla cardinalità superiore dei reali, al continuum, senza riscontrare tipi di numeri intermedi:

$$10^{\aleph_0} = \text{card } \mathbb{R} = \aleph_1 = c.$$

Ritengo siano esclusi gli iperreali di Robinson e simili. Tali numeri contemplano parti infinitesime, come ε, non nulle ma inferiori a qualsiasi valore positivo, inesprimibili in termini di espressioni decimali, a parte i loro coefficienti, e quindi non rappresentabili sulla retta reale se non in termini di fantasiose "nuvolette".

In ogni caso, con il nuovo metodo per il Calcolo Infinitesimale che presento nella prima parte di questo lavoro, gli infinitesimali non sono più richiesti.

Per completezza, occorre però aggiungere che nei circa cent'anni che ci separano da Cantor, anche in concomitanza ai numerosi tentativi di dimostrare l'Ipotesi del Continuo, siglabile CH, la matematica si è evoluta notevolmente ed attualmente si ritiene più probabile che la disposizione dei punti sulla retta geometrica presenti una complessità ancora maggiore.

Gran parte dei risultati raggiunti è sintetizzata nel documento http://math.bu.edu/people/aki/15.pdf .

Si ritiene quindi sia piuttosto da scrivere

$$2^{\aleph_0} = \aleph_2 = c.$$

Anzi, secondo quanto espresso da Paul Cohen negli anni sessanta, l'ordine sarebbe notevolmente più alto.

Questo, alla luce dei risultati qui esposti mi sembra da escludere: dai razionali che rappresentano il grado di infinito più basso $\aleph_0$ si passa direttamente ai reali con ordine d'infinito immediatamente successivo: $\aleph_1$. Non esistono "salti" dai razionali fin oltre i reali.

Al più, si può pensare che la complessità della disposizione dei punti sulla retta possa ritenersi tale da andare oltre la rappresentazione della retta numerica legata ai reali, forse persino oltre il significato stesso del continuum. Sempreché i risultati sempre più astratti della matematica attale possano riferirsi ancora alla retta geometrica. Vediamo molto succintamente.

L'ipotesi $2^{\aleph_0} = \aleph_2$ emerge dall'Assioma del forcing di Paul Cohen (1934 – 2007), dagli ultimi lavori di Kurt Gödel (1906 – 1978) e dai recenti lavori di Hugh Woodin (del 23 aprile 1955) sui suoi cardinali di Woodin e sull'assioma di determinatezza, alla fine degli anni novanta.

Nel 1963 Paul Cohen dimostra che l'assioma della scelta (AC) è indipendente dalla teoria degli insiemi ZF e che l'Ipotesi del Continuo (CH) è indipendente dalla teoria degli insiemi comprensiva dell'Assioma della Scelta ZFC. Nel far questo, però, si comporta chiaramente come alla ricerca di un controesempio che realizzi il "salto" da $\aleph_0$ ad $\aleph_2$ bypassando $2^{\aleph_0} = \aleph_1$.

Parte infatti da un modello *M*, transitivo ed $\aleph_0$ numerabile di ZF, ma da ampliare in modo tale che $2^{\aleph_0} = \aleph_1$ non sia più vero e quindi che i sottoinsiemi dei naturali siano più numerosi di $\aleph_1$. Per ampliare in maniera "esplosiva" *M* Cohen ricorre ad insiemi 'generici' che contengono anche le informazioni relative alle strutture numeriche, come le relazioni di appartenenza, negazione, uguaglianza, etc. Anche la struttura d'ordine interna è riferita alla quantità di informazioni relative ai singoli oggetti costruiti, la cui costruzione è opportuno avvenga in un numero infinito di passi – e quindi di fatto tali oggetti sono non effettivamente costruibili – sia per mantenerne la genericità, sia per aggirare l'Ipotesi del Continuo: l'assioma di costruibilità infatti la implicherebbe.

Per evitare infine che la costruzione si riveli contraddittoria Cohen corre ai ripari. Occorre evitare le relazioni opposte, che si smentiscono a vicenda. Proprio a questo serve il 'forcing' da cui prende nome il suo metodo per cui le condizioni forzano le relazioni in modo univoco: "$p \Vdash \varphi$: p forza l'enunciato φ".

Dopo questo filtraggio di tutte le relazioni il sottoinsieme viene appunto chiamato 'filtro'...

Una volta verificata la coerenza con la teoria degli insiemi ZF, Cohen deriva ¬CH, nel senso che deriva $2^{\aleph_0} = \aleph_2$ anziché $2^{\aleph_0} = \aleph_1$, e poi ¬AC.

Si vede chiaramente che vengono coinvolti 'oggetti' matematici lungi dall'aver una qualche possibilità di essere considerati enti geometrici appartenenti alla retta geometrica, e di poter esser messi in correlazione con i suoi punti, come si può invece fare con i numeri reali.

Oggetti poi del tutto particolari sono gli Insiemi di Luzin, insiemi non numerabili le cui intersezioni con insiemi detti 'magri' sono tutte numerabili. Dato che sono insiemi di reali non numerabili tenderebbero a contraddire l'Ipotesi del Continuo, ed in tal senso ad un certo punto erano indicati da Kurt Gödel. Tuttavia lo stesso scopritore, il matematico russo Nikolaj Nikolaevič Luzin (1883 – 1950) ha dimostrato che in realtà è l'Ipotesi del Continuo ad implicarli, per cui appare impossibile che tali insiemi contraddicano l'ipotesi stessa.

Quasi come in parallelo, Wacław Franciszek Sierpiński (1882 – 1969) ha presentato i suoi insiemi di Sierpiński, non numerabili e la cui intersezione con ogni insieme di misura di Lebesgue nulla è numerabile. Anche per questi particolari insiemi è stato dimostrato da Sierpiński che è l'Ipotesi del Continuo ad implicarli.

In ultimo, come ho già evidenziato a pagina 84 nel capitolo "Zenone Confutato", dopo aver ricavato un Teorema di impossibilità per le costruzioni proposte da Zenone, si può affermare: "Il considerare o meno i singoli punti o delle suddivisioni finite od infinite di un segmento rettilineo su cui un corpo si muove può risultare di interesse matematico, per la teoria dei numeri e della misura, ma ai fini del moto risulta essere un'operazione virtuale, rispetto alla quale cioè il moto rimane del tutto indifferente. Che sia valida o meno l'Ipotesi del Continuo di Cantor non ha quindi alcuna influenza sul moto fisico".

- EPILOGO -

A chiusura di questi studi si può dire che diversi risultati nuovi ed interessanti sembrano raggiunti. E spero che altri li riprendano proseguendo ben oltre. In particolare, per quanto riguarda gli studi sulle Fondamenta della Geometria, l'analisi critica sulle origini delle Geometrie non Euclidee ne "Il crollo iperbolico: Zenone non euclideo" sembra portare a risultati importanti ed utili per proseguire con il tema generale. Come già detto in premessa, ne "L'insostenibile Leggerezza delle Assiomatiche" propongo infatti una dimostrazione del Quinto Postulato di Euclide nonché la sua equivalenza con il Teorema dell'attraversamento e con l'Assioma di Pasch che da esso deriva. Questo non è compatibile con l'esistenza di geometrie non euclidee come quella iperbolica, le cui radici affondino nelle Fondamenta della geometria ed il cui modello si possa rappresentare all'interno della geometria euclidea condividendone la coerenza. Da ciò, ormai quasi classicamente, si dedurrebbe infatti l'indipendenza del Quinto Postulato dagli altri assiomi e quindi la sua non dimostrabilità.

Ora, delle geometrie con metriche iperboliche sono pur sempre riferibili alla geometria proiettiva, come sottogruppi del gruppo proiettivo di tutte quelle trasformazioni che lasciano invariata una data conica reale non degenere, detta assoluto. Quivi, in specie, il rapporto anarmonico, meglio noto come birapporto, di quattro punti allineati è considerato l'invariante fondamentale dei gruppi proiettivi.

Ma adesso la geometria iperbolica non ha più nessun legame privilegiato con la Geometra Assoluta, né con i Fondamenti della Geometria. Non esistono rette asintotiche né rette limite che separino quelle secanti dalle non secanti condotte da un punto esterno ad una retta r data.

In altre parole, la geometria iperbolica non è più necessaria, o, se si preferisce, conseguenza inevitabile o non escludibile a partire dalla Geometra Assoluta. Lo era solo per gli errori di Saccheri e Legendre, e forse necessita di revisione.

La Geometra sul Piano Euclideo non ha più contendenti fondazionali, che cioè si annidino nei suoi stessi assiomi o postulati.

È pur vero che con il passare dei secoli la classica Geometria Euclidea è stata ripetutamente oggetto delle più varie critiche, per carenze o troppi assunti impliciti; ma, come evidenzia lo stesso titolo del mio "L'insostenibile leggerezza delle Assiomatiche", nemmeno la più moderna assiomatizzazione data da Hilbert è esente da, forse ben più gravi, critiche.

E certamente molto lavoro appare in vista per dare rinnovata dignità all'antica Geometria Euclidea, ovvero, alla Penrose, per trovare "La strada che porta alla Realtà" anche per la Geometria.

Pinerolo (TO)   31–1–13

Bibliografia

BONOLA Roberto, 1906, *"La geometria non-euclidea"*, Nicola Zanichelli Editore, Bologna già Modena.

GIUSTINI Pietro Alessandro, 1974, *"Da Euclide ad Hilbert"*, Bulzoni Editore S.r.l., Roma.

BOYER Carl B., 1968, "A History of Mathematics", John Wiley & Sons, Inc, 1976 – 1990, *"Storia della matematica"*, Arnoldo Mondatori Editore S.p.A., Milano, ISBN 88-04-33431-2.

AGAZZI Evandro – PALLADINO Dario, 1998, "Le geometrie non euclidee e i fondamenti della geometria dal punto di vista elementare", Editrice La Scuola, Brescia, ISBN 88-350-9450-X.

KLINE Morris, 1972, "Mathematical Thought from Ancient to Modern Times", Morris Kline, 1991 – 1999, "Storia del pensiero matematico", Giulio Einaudi Editore S.p.A., Torino, ISBN 88-06-15418-4.

MACRÌ Rocco Vittorio, 2002, *"I FLOP nella trattazione relativistica del tempo"* in "La natura del tempo" a cura di Franco Selleri, Edizioni Dedalo S.r.l., Bari, ISBN 88-220-6251-5.

ODIFREDDI Piergiorgio, 2003, "Divertimento geometrico", Bollati Boringhieri Editore S.r.l., Torino, ISBN 88-339-5714-4.

ACZEL Amir D., 2000-2005, "Il mistero dell'alef", Net Periodico settimanale, Milano, ISBN 88-515-2233-2.

Collana   *"le matematiche"*

Collana   *"FlashMath"*

"arte e poesia"

annotazioni

www.ingramcontent.com/pod-product-compliance
Lightning Source LLC
Chambersburg PA
CBHW060839170526
45158CB00001B/186